Lars Rominger
Qualitative Kunststoffanalytik
Leichtverständliche Einführung - Thermoplaste

Lars Rominger

Qualitative Kunststoffanalytik

Thermoplaste
Leichtverständliche Einführung

3., überarbeitete Auflage

Mit 79 Abbildungen und 22 Tabellen

www.kunststofftechnik.ch

Kunststoffanalytik

Thermoplaste

Lars Rominger. 1966 in Zug, Schweiz geboren.
Ausbildung: Eidg. Fähigkeitsausweise als Chemielaborant und Kunststofftechnologe. Eidg.-dipl.-Techniker (TS), Fachrichtung Kunststofftechnik. Ing. (EurEta). Chemiestudium (HTL/FH), NDS Betriebswirtschaft (FH). Nachdiplom FH in Unternehmensführung. Title in English: Executive Master in "Corporate Management". (University post-graduate level qualification. Berne University of Applied Science).
Berufserfahrungen: Zunächst viele Jahre vornehmlich in Forschung + Entwicklung in den Bereichen Pharma, Medizin und Kunststoff. Davon die meisten in leitender Funktion. Anschliessend mehrjährige leitende Funktionen in Projektmanagement und Engineering im Bereich Kunststoff- und Medizintechnik. Geschäftsführender Gesellschafter der Rominger Kunststofftechnik GmbH und Entwickler derer Produkte.
Angebotspektrum: Systemlösungen in Kunststoff für Medizin und Industrie. Prozessorientiert von der Idee bis zum fertigen Produkt. Engineering und Werkzeugbau. Projekt- und Qualitäts-Management. Produktionen in Normal- und Reinraumzonen bis Klasse 6 nach DIN EN ISO 14644 (1000). Beratungen und Schulungen in Kunststoff- und Medizintechnik und Betriebswirtschaft. Engineering und Projektmanagement. Klassische und instrumentelle Kunststoffanalytik.
Bücher und Lehrmittel: Lars Rominger. Qualitative Kunststoffanalytik. Thermoplaste. Kompendium. Lars Rominger. Qualitative Kunststoffanalytik. Thermoplaste. Leichtverständliche Einführung. 3., überarbeitete Auflage 2005. ISBN 3 – 8311 – 0052 –7.
Patente: Im Medizinalbereich.
Entwicklungen: KIS Kunststoff-Identifikations-System (Software-Entwicklung). KEK Kunststoff-Erkennungs-Koffers. Schnellste und selektivste Kunststoffanalyse auf dem Markt. Mit integrierter Software. Ausserhalb der Kernstrategie: Barriqueur. Die innovative Weinveredelung für innovative Menschen.
Publikationen: Über die Innovationen sind zahlreiche hauptredaktionelle Publikationen in verschiedenen Fachzeitschriften erschienen.
Dozententätigkeit: Fachlehrer für Werkstoffprüfung/Analytik (Kunststoffe) und Unternehmensgründung.

Anschrift des Autors:
Rominger Kunststofftechnik GmbH. Lars Rominger, Bleick 3b, CH-6313 Edlibach.
Tel.: +041-(0)41 756 03 15. Fax: +041-(0)41 756 03 16.
email: rominger@kunststofftechnik.ch. Internet: www.kunststofftechnik.ch

Die in diesem Buch aufgeführten Informationen sind zur Zeit die besten Informationen, die zu diesem Thema gegeben werden können. Verlag und Verfasser übernimmt jedoch keine Haftung für die Fehlerfreiheit des Buches oder für die Vollständigkeit und / oder Richtigkeit der darin enthaltenen Informationen. Es kann auch keine Gewähr im Einzelfall, auch nicht in patentrechtlicher Sicht übernommen werden.
Der Einsatz des Buches und die Verwendung der bei Nutzung des Inhalts erhaltenen Daten und die manuellen Ausführungen der Analysenvorschriften erfolgt in der alleinigen Verantwortung des Nutzers unter Ausschluss jeglicher Haftung von seitens Verlag und Verfasser; dies gilt insbesondere für Ansprüche auf Ersatz von Folgeschäden. Die getroffene Auswahl von Kunststoffen lässt nicht darauf schliessen, dass andere Kunststoffe nicht vorhanden sein können.
Die Angaben im vorliegenden Buch wurden nach sorgfältiger Recherchen in den vorhandenen Unterlagen zusammengestellt und sollen den Leser und Anwender des Buches in seiner Arbeit unterstützen.

Lars Rominger – Qualitative Kunststoffanalytik -
Leichtverständliche Einführung – Thermoplaste
3., überarbeitete Auflage – 2005
ISBN 3 – 8311 – 0052 – 7

Qualitative Kunststoffanalyse

Inhaltsverzeichnis

Inhaltsverzeichnis

1. Vorwort zur 3. Ausgabe

Die 3. Ausgabe des weltweit verbreiteten Buches über die Kunststoffanalytik erscheint – nach einer kritischen Überprüfung und Aktualisierung aller Kapitel durch zahlreiche Experten – 5 Jahre nach der ersten Auflage. Inzwischen hat das Buch auch an zahlreichen Schulen als offizielles Lehrmittel Einzug gehalten. Bei weiterführenden Fragen sei auf das Vorlesungsbuch „Lars Rominger – Qualitative Kunststoffanalytik – Thermoplaste – Kompendium, 166 Seiten" verwiesen.
Die Kompendium-Ausgabe kann direkt beim Autor bezogen werden.

Kunststoffverarbeiter und Verbraucher stehen sehr häufig und aus den verschiedensten Gründen vor der Aufgabe, die chemische Natur einer Kunststoffprobe zu ermitteln.
Im Gegensatz zu den Herstellern von Kunststoffen fehlen ihnen aber meist speziell dafür eingerichtete Laboratorien und Personal mit analytischen Erfahrungen.

So muss oftmals ein Kunststoffteil schnell analysiert werden, obschon eine dafür notwendige Infrastruktur (Differential-Scanning-Calorimetry, Infrarotspektroskopie usw.) fehlt, um grössere Analysen durchzuführen.

Das Buch ist aus dem Bestreben heraus entstanden, ein Werkzeug zu schaffen, das kurz und prägnant praktische Anleitung gibt, wie ein Kunststoff auf einfachste Weise analysiert werden kann. Darüber hinaus soll es über die Kenndaten der wichtigsten Kunststoffe informieren, deren Kenntnis unerlässlich sind um eine eindeutige Charakterisierung des Kunststoffes zu erhalten.
Die hier beschriebenen Analysenmethoden und Prüfungen wurden alle selbst ausprobiert und sind in der Praxis vielfach erprobt worden und sind in der klassischen Kunststofferkennung einzigartig, da die beschriebenen Methoden es dem Anwender ermöglichen, die schnellste und gleichzeitig selektivste Kunststoffanalytik zu betreiben.

Danken möchte ich allen Kollegen aus Industriefirmen und Schulen die wichtige Kapitel kritisch gelesen haben. Speziell danken möchte ich Herrn Dr. chem. Purghart für das Gegenlesen des Buches und seine wertvollen Hinweise.

2. Der Begriff Kunststoffe

Der Name Kunststoffe zeigt auf, dass es sich hierbei um Stoffe handelt, die künstlich (synthetisch) hergestellt werden. Die Kunststoffe bestehen mehrheitlich aus Kohlenstoffatomen und sind damit in das grosse Gebiet der organischen Chemie anzusiedeln. Die Kunststoffe sind somit hochmolekulare Werkstoffe (Polymere), die heute fast ausschliesslich synthetisch, vornehmlich aus den Rohstoffen Erdgas, Erdöl und Steinkohle, hergestellt werden.

Die Synthesereaktionen werden unter dem Begriff „Polymerisation" zusammengefasst.

Polymerisation	
Additionspolymerisation	**Kondensationspolymerisation**
- Als Kettenreaktion	
- Als Stufenreaktion	
Keine Abspaltprodukte.	Abspaltprodukte
Beispiele: Polyethylen, Polypropylen.	Beispiele: Polycarbonat, Polysulfon.

Wir können als Definition zusammenfassen:
Kunststoffe (Polymere, Plaste) sind technische Werkstoffe, die aus Makromolekülen mit organischen Gruppen bestehen und durch chemische Umsetzungen gewonnen werden. Ihre Molmasse liegt etwa zwischen 8 000 und 6 000 000 g/mol.

Kunststoffe ist ein Sammel- oder Überbegriff für:
Thermoplaste, thermoplastische Elastomere, Elastomere und Duroplaste

- **Thermoplaste und thermoplastische Elastomere**
  Schmelzbar, löslich, bei Raumtemperatur weich – bis hart-zäh oder hart spröde.

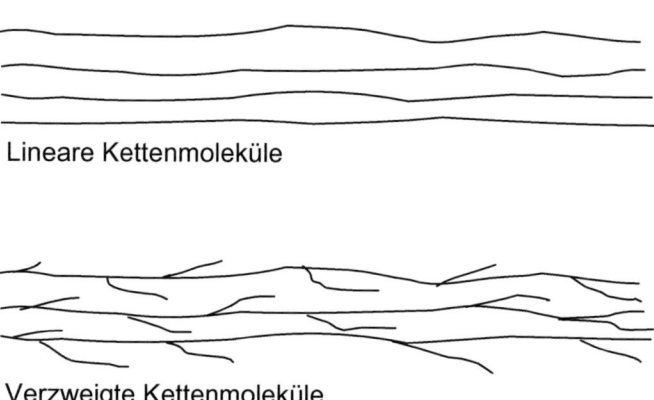

Lineare Kettenmoleküle

Verzweigte Kettenmoleküle

- **Amorphe Thermoplaste** (ungefärbt transparent, höhere Festigkeit als teilkristallin, besser mechanisch verarbeitbar, Schwund klein 0.6-0.8%. Bsp.: PS, PVC, PC, PMMA, CA, CP, CAB.

Amorphe Struktur

- **Teilkristalline Thermoplaste** (nicht transparent, Schwund gross 0.6 – 1.8% Bsp.: PE, PP, POM, PTFE, PET, PA, PBT.)

Teilkristalline Struktur

- **Elastomere** (nicht schmelzbar, quellbar, unlöslich, bei Raumtemperatur im elastisch weichen Zustand)

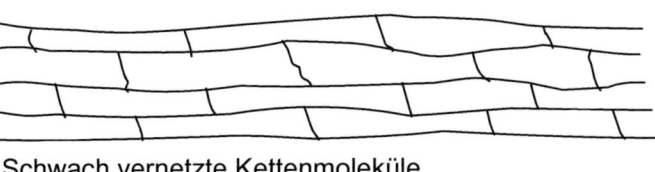

Schwach vernetzte Kettenmoleküle

- **Duroplaste** (nicht schmelzbar, nicht quellbar, nicht löslich, bei Raumtemperatur hart.)

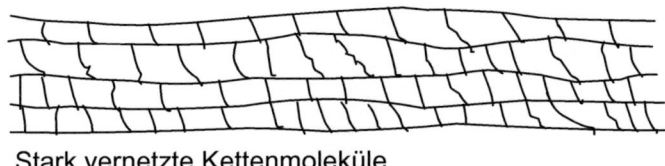

Stark vernetzte Kettenmoleküle

Die Art des Grundbausteins und die Anordnung der Makromoleküle sowie die chemischen Bindungskräfte entscheiden, zu welcher Gruppe ein Kunststoff gehört.

3. Die Problematik der Kunststoffanalyse

Eine eindeutige und vollständige Identifizierung eines hochmolekularen organischen Stoffes ist oftmals eine recht komplizierte, komplexe und manchmal nur mit erheblichem Aufwand zu lösende Aufgabe.
Doch für viele Anwendungszwecke der Praxis genügt es aber häufig schon festzustellen, zu welcher Kunststoffklasse eine vorliegende noch unbekannte Probe gehört.
Es muss jedoch darauf hingewiesen werden, dass manche in der Praxis vorkommenden Stoff-Kombinationen oder Copolymerisate mit einfachen Methoden nicht immer sicher erkannt werden können; in solchen Fällen müssen aufwändigere Analysenmethoden herangezogen werden. Es sei an dieser Stelle an die übliche Sorgfalt beim Umgang mit Chemikalien, Lösungsmitteln oder Feuer erinnert.
Die hier beschrieben und angewendeten qualitativen Prüfungen wurden alle selbst ausgetestet. Empfehlenswert ist bei den meisten Prüfungen, Vergleichsversuche mit authentischen Kunststoffen anzustellen.

4. Die einfache Analysenstruktur

Siehe Kapitel 12. Analysenmatrix (Seite 72). Abbildung 79.

5. Die einfachen Analysenmethoden

5.1 Allgemeine Unterscheidung

5.1.1 Verhalten im Wasser

Abbildung 1: Wassertrennung

Messdauer	1 Min.
Vorbereitung	Keine.
Klimatisierung	Keine.
Chemikalien, Geräte	Schutzbrille, Wasser, Seife, Labor-Glasbehälter.
Anleitung	Die Schwimmprobe trennt die Kunststoffe in Stoffe die schwerer als Wasser sind (Dichte $> 1 \mathrm{gxcm}^{-3}$) und leichter als Wasser sind. (Dichte $< 1 \mathrm{~gxcm}^{-3}$) Dazu genügt meist ein mit Wasser gefülltes Becken, Becherglas oder ein Wasserglas. Bei zu grossen Proben oder bei Proben die Metallteile enthalten, trennt man einen Span von der Probe ab. Das Wasser sollte bei der Prüfdurchführung entspannt sein.

5.2 Chemische Unterscheidung
5.2.1 Brandverhalten ausserhalb der Flamme und Brennbarkeit
5.2.2 Brennbarkeit

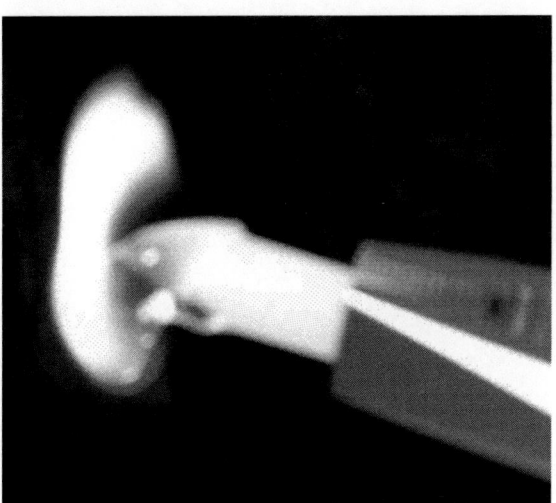

Abbildung 2: Brandverhalten

Messdauer	2 Min.
Vorbereitung	Keine.
Klimatisierung	Keine.
Chemikalien, Geräte	Schutzbrille, Pinzette oder Kombizange und Feuerzeug oder Bunsenbrenner.
Anleitung	Um das Brandverhalten eines Kunststoffes zu prüfen, hält man eine kleine Probe des Kunststoffs mit einer Pinzette oder auf einem Spatel in eine kleine Flamme (Feuerzeug oder Sparflamme des Bunsenbrenners). Dabei beobachtet man die Brennbarkeit innerhalb und ausserhalb der Flamme, das Abtropfen brennender oder geschmolzener Teile, **Russbildung ja oder nein**, sowie den Geruch nach dem Verlöschen **(Schwadengeruch)** zeigt das Verhalten der wichtigsten Kunststoffe bei der Brennprobe. Die Entflammbarkeit von Kunststoffen kann allerdings durch flammhemmende Zusätze stark beeinflusst werden, so dass dadurch in der Praxis Abweichungen von vorliegenden Angaben vorkommen können.

5.2.3   pH-Bestimmung

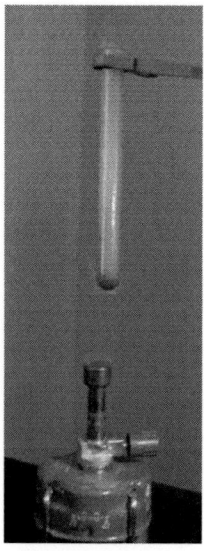

Abbildung 3: pH-Bestimmung

Messdauer	5 Min.
Vorbereitung	Keine.
Klimatisierung	Keine.
Chemikalien, Geräte	Schutzbrille, Reagenzglas, Bunsenbrenner, pH-Papier, Reagenzglashalter, entmineralisiertes Wasser zum Anfeuchten des pH-Papiers.
Anleitung	Um das Verhalten eines Kunststoffes in der Hitze ohne die direkte Flammeinwirkung zu prüfen, nimmt man ein Glühröhrchen und bringt eine kleine Probe in das Glühröhrchen. Das Glühröhrchen wird am oberen Ende mit einer Klammer oder Tiegelzange gehalten. An das offene Rohrende des Röhrchens hält man ein mit Wasser (vorteilsmässig deinosiertes Wasser) angefeuchtetes Lackmuspapier oder pH-Papier. Nun erhitzt man das Röhrchen in oder über der Sparflamme des Bunsenbrenners. Das Gesicht soll vom offenen Rohrende abgewandt sein. (Vorsicht: Schutzbrille tragen). Damit man die Veränderungen der Probe, sowie die Zersetzungsgase gut beobachten kann, soll die das Erhitzen allmählich und langsam erfolgen. Nachdem die Probe durch die Hitzeeinwirkung mit dem Lackmus- bzw. pH-Papier, durch die abgegebenen Dämpfe, reagiert hat, lassen sich prinzipell drei Gruppen unterscheiden: a) saure Reaktion (Rotfärbung von Lackmuspapier). b), neutrale Reaktion (keine Farbänderung) oder c) basische (alkalischer) Reaktion (Blaufärbung von Lackmuspapier). Die Prüfung mit pH-Papier ist etwas empfindlicher. Für die hier in diesem Buch behandelte Kunststoff-Analyse gelten die drei Gruppen: sauer / neutral / basisch.

5.2.4 Beilsteinprobe

Abbildung 4: Beilsteinprobe   **Abbildung 5: Beilsteinprobe**
(Vorbereitung)

Messdauer	3 Min.
Vorbereitung	Keine.
Klimatisierung	Keine.
Chemikalien, Geräte	Schutzbrille, Bunsenbrenner, Kupferdraht mit Kombizange (Kupferdraht mit Kombizange halten)
Anleitung	Durch die Beilsteinprobe lassen sich Halogene, insbesondere Chlor, sehr leicht und sehr empfindlich nachweisen. Den Kupferdraht ausglühen und in Kontakt bringen mit der zu untersuchenden Probe. Den Kupferdraht dann wieder in die Flamme halten. Bei Anwesenheit von Halogenverbindungen leuchtet die Flamme deutlich grün.

5.3 Mechanische Unterscheidung
5.3.1 Bruchprobe

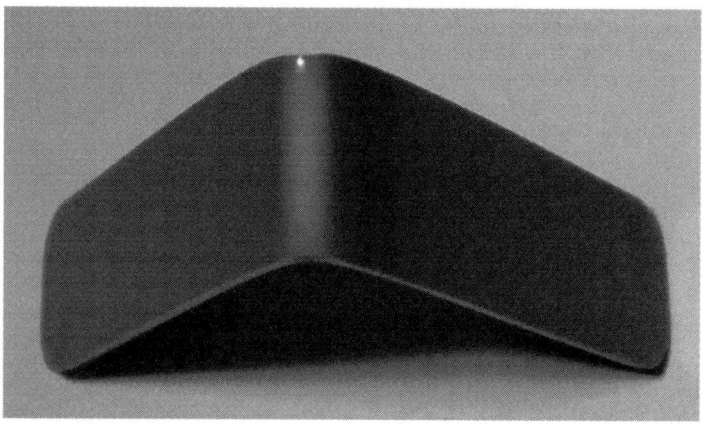

Abbildung 6: Bruchprobe (Beispiel: Weissbruch)

Abbildung 7: Bruchprobe (Beispiel: Sprödbruch)

Messdauer	< 1Min.
Vorbereitung	Keine.
Klimatisierung	Keine.
Chemikalien, Geräte	Schutzbrille (Ev. Seitenschneider, Kombimesser zur Probenpräparation)
Anleitung	Die Kunststoffprobe brechen und darauf achten ob Sprödbruch oder Weissbruch vorliegt.

5.3.2 Fingernagelprobe

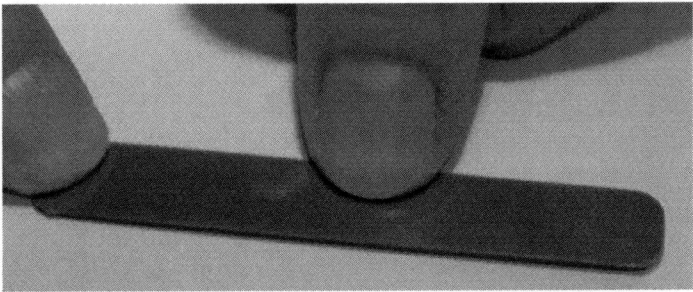

Abbildung 8: Fingernagelprobe (Durchführung)

Abbildung 9: Fingernagelprobe (mögliches Ergebnis)

Messdauer	< 1 Min.
Vorbereitung	Keine.
Klimatisierung	Keine.
Chemikalien, Geräte	Schutzbrille.
Anleitung	Mit dem Fingernagel die Probe kräftig ritzen und darauf achten ob Kratzspuren, Eindruckstellen sichtbar werden oder nicht.

5.4 Löslichkeits – Unterscheidung

5.4.1 Lösungsmittel A
5.4.2 Lösungsmittel B

Abbildung 10: Löslichkeitstest

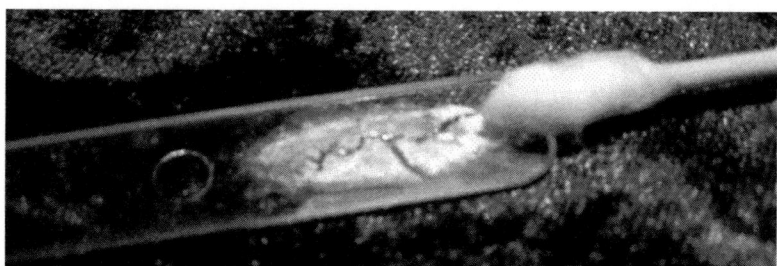

Abbildung 11: Löslichkeitstest (mögliches Ergebnis, Anlösen des Kunststoffes)

Messdauer	2 Min.
Vorbereitung	Keine.
Klimatisierung	Keine.
Chemikalien, Geräte	Schutzbrille. Lösungsmittel A. Essigsäureethylester (andere Bez. Essigester, Ethylacetat, Essigether) Für den 2. Test: Benzin/Nitroverdünner im Verhältnis 60/40 (v/v)
Anleitung	Schutzhandschuh Ultranitril tragen ! Es genügt, einen Tropfen der Lösemittel auf die Probe zu geben und ihn mit dem Finger oder etwas Papier zu verreiben.

5.5 Die erforderlichen Gerätschaften, Chemikalien und Schutzausrüstung

Gerätschaften
Bunsenbrenner
Gaskartusche
Reagenzglasständer
Reagenzgläser
Reagenzglashalter
Laborglasbehälter
pH-Universalindikatorpapier
Pinzette
Seitenschneider
Kombizange
Schneidmesser
Feuerzeug
Kupferdraht für Beilsteinprüfung
Anleitung, Analysenmatrix und/oder Software-Auswertungsprogramm
Gut belüfteter Raum, besser Luftabzug

Chemikalien
Entmineralisiertes Wasser
Lösungsmittel A. Essigsäureethylester.
Lösungsmittel B. Benzin/Nitroverdünner 60/40 (v/v).

Schutzausrüstung
Vollschutzbrille
Schutzhandschuh Ultranitril

6. Werkzeuge

6.1 KEK Kunststoff-Erkennungs-Kit

Kunststofferkennung in weniger als 12 Minuten.

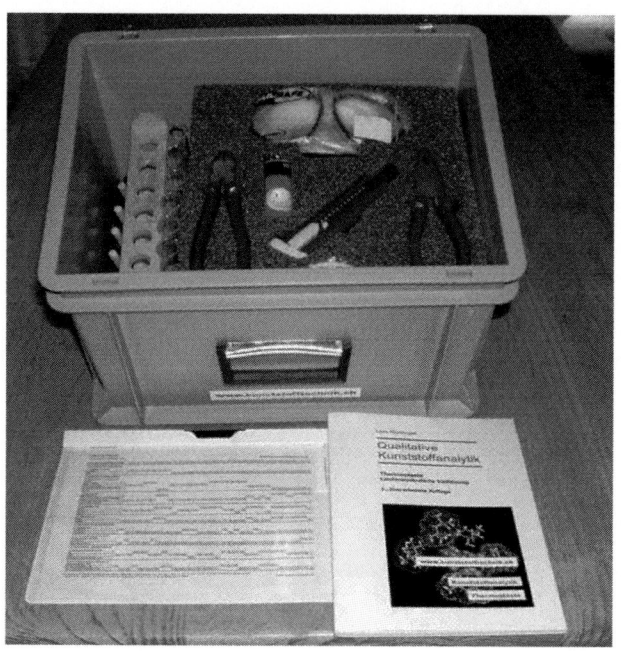

Abbildung 12: KEK Kunststoff-Erkennungs-Kit

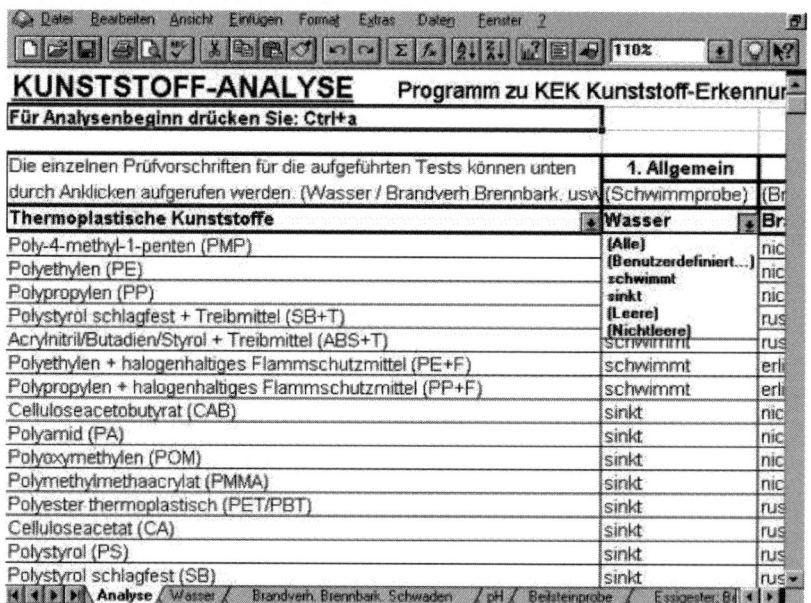

Abbildung 13: Software zu KEK Kunststoff-Erkennungs-Kit

Zu beziehen bei: www.kunststofftechnik.ch

Der KEK wird in zahlreichen renommierten Firmen erfolgreich angewendet.
KEK Kunststoff-Erkennungs-Kit:
Schnellste und selektivste Kunststoffanalyse auf dem Markt.
Mit integrierter Software.
Der KEK ist zurzeit die einzige klassische Kunststofferkennung die so schnell zu einer
eindeutigen Identifikation führt, nur mit den Giftklassen 4 und 5 operiert und gleichzeitig
eine höhere Selektivität als alle anderen erwerbbaren Kunststofferkennungs-Kits
aufweist. Andere Kunststoff-Erkennungs-Kit arbeiten u.a. mit Tetrachlorkohlenstoff
(Giftklasse 1). Der KEK Kunststoff-Erkennungs-Koffer/-Kit kann direkt beim Autor
bezogen werden. Internet: www.kunststofftechnik.ch. Nach max. zwei externen Analysen
ist die Investition amortisiert.)

Mögliche Anwendungsgebiete
- Ein Kunststoff-Produktionsbetrieb benötigt ein Klein-Labor.
- Unterwegs möchte man eine Kunststoffidentifikation durchführen können.
- Eine Eingangskontrolle will überprüfen, ob die Kunststoffteile mit dem richtigen
  Kunststoff und den richtigen Zusätzen gemacht wurden.
- Ein Dozent in Chemie, Werkstoffwissenschaft oder Kunststofftechnik möchte
  seinen Unterricht qualitativ aufwerten.
- Eine Forschungs- und Entwicklungs – Abteilung will wissen, welche
  Kunststoffe die Konkurrenz für ihre Anwendungen einsetzt.

Diese Auswahl von Anwendungsfällen deckt KEK ab.
Mit einfachsten Mitteln kann mit dem KEK festgestellt werden, um welchen Kunststoff es
sich handelt. KEK liefert alle notwendigen Werkzeuge (Koffer mit allen erforderlichen
Gerätschaften, Chemikalien, Sicherheit und Software, um in höchstens 12 Minuten zu
einer Kunststoffidentifikation zu kommen. KEK kommt mit einem Minimum an
Chemikalien und Schutzausrüstung aus. KEK ist an jedem beliebigen Arbeitsplatz mit
oder ohne PC anwendbar. Mit dem Benutzen des Software-Selektionsprogramms
müssen lediglich die gewonnenen Analysenwerte angeklickt werden und das Programm
zeigt die noch verbleibenden Kunststoffe an.
Beim Arbeiten ohne PC bzw. ohne das Software-Selektionsprogramm kann nach dem
Ermitteln des Analysenergebnisses auf einer Tabellen-Matrix die noch in Frage
kommenden Kunststoffe herausgelesen werden.

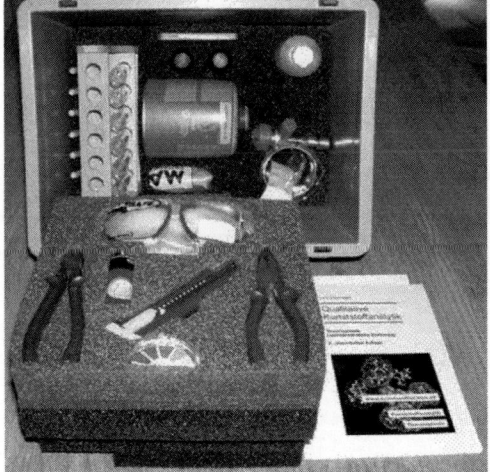

Abbildung 14: Inhalt von KEK Kunststoff-Erkennungs-Kit

6.2   KIS Kunststoff-Identifikations-System

Analytik, Konstruktion (Materialauswahl) und Lexikon vereint in einer Software.

Die Software ermöglicht dem Anwender, mittels einer Auswahl von 55 Selektionskriterien, thermoplastische Kunststoffe auf einfachste Weise zu definieren und identifizieren. Bei Eingabe der gestellten Anforderungen für eine bestimmte Kunststoffanwendung ermittelt KIS den richtigen Kunststoff. Bei Eingabe von Suchbegriffen liefert KIS die gewünschten Informationen.

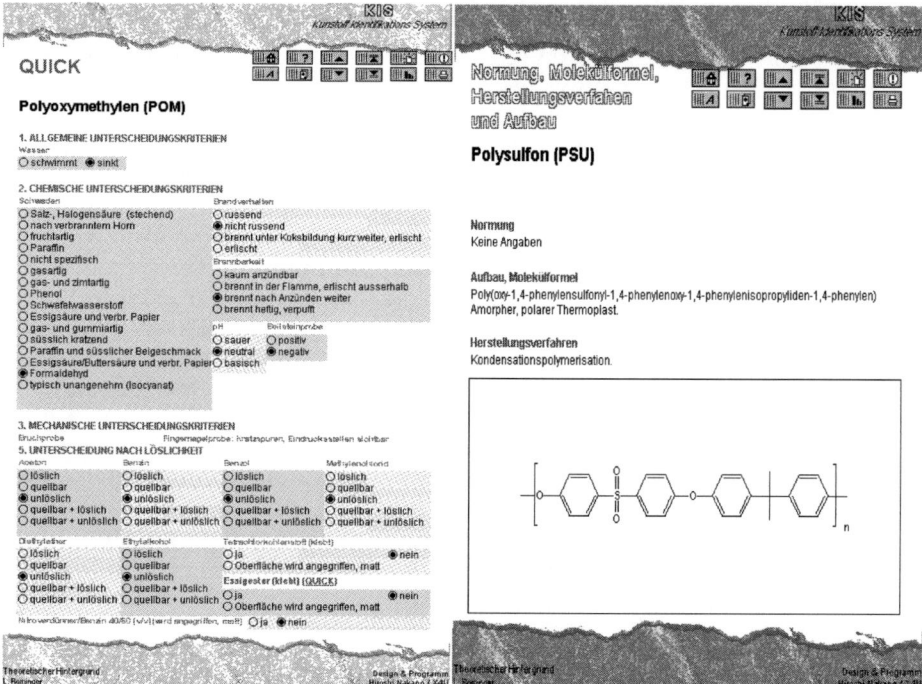

Abbildung 15: KIS Kunststoff-Identifikations-System (Abbildungen)

Zu beziehen bei PolySwiss. www.polyswiss.ch.
(Mit allen Rechten von www.kunststofftechnik.ch erworben.)

7. Kenndaten einiger ausgwählter Kunststoffe

7.1 Polymere mit reiner Kohlenstoffkette (Polyolefine)

Bezeichnung	Abk.
7.1.1 Polyethylen	PE

KENNDATEN	
Mechanisch	
Kugeldruckhärte H [N/mm^2]	10 – 50
Dichte [g/cm^3]	0.907 – 0.968
Zugfestigkeit [N/mm^2]	7 – 55
Elastizitätsmodul [N/mm^2]	200 – 1750
Streckspannung [N/mm^2]	4 – 37
Streckdehnung [%]	6 – 40
Reissdehnung [%]	10 – 60
Zug-Kriechmodul (1h) [N/mm^2]	130 – 1300
Zug-Kriechmodul (1000h) [N/mm^2]	0 – 650
Schubmodul [N/mm^2]	55 – 1100
Izod-Schlagzähigkeit [kJ/m^2]	Kein Bruch
Gleitreibungskoeffizient (gegen Stahl Härte > 52 HRC, Randtiefe 2x10^{-6}m, ohne Schmierung)	0.25 – 0.60
Thermisch	
Gebrauchstemperaturbereich [°C]	60 – 100
Nebenerweichungstemperatur Tn [°C]	Keine Angaben
Kristallitschmelztemperatur Tm [°C]	105 – 140
Schmelzbereich [°C]	110 – 130
Erweichungsbereich [°C]	Keine Angaben
Glasübergangstemperatur Tg [°C]	(-110) – (-20)
Fliesstemperatur Tf[°C]	Keine Angaben
Schwindungsverhalten [%]	1.5 – 5.0
Vicat A50 (10N) [°C]	88 – 132
Thermischer Längenausdehnungskoeffizient [E-4/K]	1 – 2.3
Wärmeleitfähigkeit [W/mxK]	0.29 – 0.51
Formbeständigkeit HDT/A (1.8N/mm2) [°C]	30 – 46
Optisch	
Brechzahl [ ]	1.49 – 1.51
Lichttransmissionsgrad [%]	Keine Angaben
Elektrisch	
Dielektrizitätszahl (50Hz) [ ]	2.3 – 2.5
Elektrische Durchschlagsfestigkeit [kV/mm]	30 – 62

Aufbau, Molekülformel:

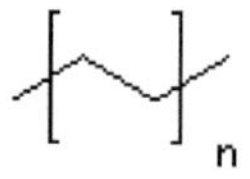

Abbildung 16: Molekülformel von Polyethylen (PE)

Poly(methylen). Teilkristalliner, unpolarer Thermoplast.
Herstellungsverfahren: Additionspolymerisation als Kettenreaktion.

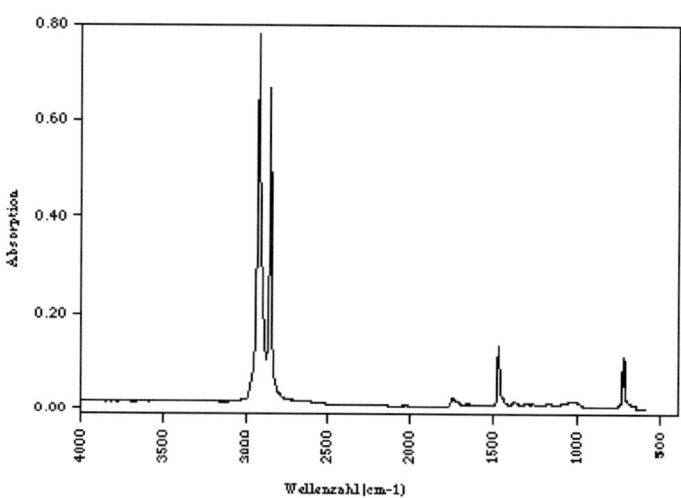

Abbildung 17: Infrarot-Spektroskopie von Polyethylen (PE)

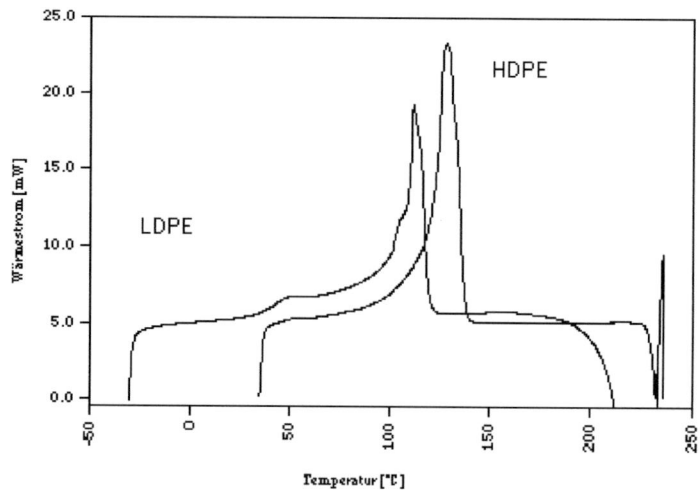

Abbildung 18: Differential-Scanning-Calorimetry von Polyethylen (PE)

Bezeichnung	Abk.
7.1.2 Poly-4-methyl-1-penten.	PMP

KENNDATEN	
Mechanisch	
Kugeldruckhärte H [N/mm^2]	Keine Angaben
Dichte [g/cm^3]	0.833 – 0.840
Zugfestigkeit [N/mm^2]	15 - 32
Elastizitätsmodul [N/mm^2]	450 - 1900
Streckspannung [N/mm^2]	14 - 32
Streckdehnung [%]	Keine Angaben
Reissdehnung [%]	20 - 50
Zug-Kriechmodul (1h) [N/mm^2]	Keine Angaben
Zug-Kriechmodul (1000h) [N/mm^2]	Keine Angaben
Schubmodul [N/mm^2]	Keine Angaben
Izod-Schlagzähigkeit [kJ/m^2]	Keine Angaben
Gleitreibungskoeffizient (gegen Stahl Härte > 52 HRC, Randtiefe 2x10^{-6}m, ohne Schmierung)	Keine Angaben
Thermisch	
Gebrauchstemperaturbereich [°C]	Keine Angaben
Nebenerweichungstemperatur Tn [°C]	(-119) – (-121)
Kristallitschmelztemperatur Tm [°C]	238 – 242
Schmelzbereich [°C]	240 – 250
Erweichungsbereich [°C]	Keine Angaben
Glasübergangstemperatur Tg [°C]	18 – 40
Fliesstemperatur Tf [°C]	Keine Angaben
Schwindungsverhalten [%]	Keine Angaben
Vicat A50 (10N) [°C]	Keine Angaben
Thermischer Längenausdehnungskoeffizient [E-4/K]	Keine Angaben
Wärmeleitfähigkeit [W/mxK]	Keine Angaben
Formbeständigkeit HDT/A (1.8N/mm2) [°C]	49 – 70
Optisch	
Brechzahl [ ]	1.45 – 1.47
Lichttransmissionsgrad [%]	90 – 92
Elektrisch	
Dielektrizitätszahl (50Hz) [ ]	2.0 – 2.2
Elektrische Durchschlagsfestigkeit [kV/mm]	44 – 65

Aufbau, Molekülformel:

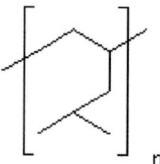

Abbildung 19: Molekülformel von Poly-4-methyl-1-penten (PMP)

Poly[1-(2-methylpropyl)ethylen].
Teilkristalliner Thermoplast. Weitgehend isotaktischer Thermoplast.
Herstellungsverfahren: Stereospezifische Polymerisation

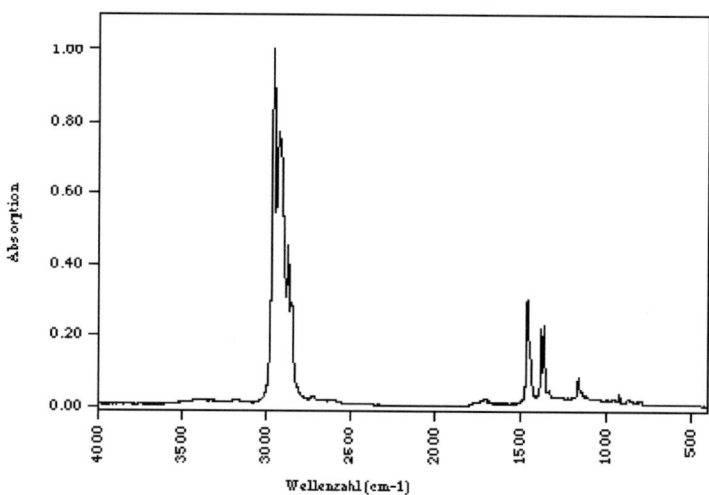

Abbildung 20: Infrarot-Spektroskopie von Poly-4-methyl-1-penten (PMP)

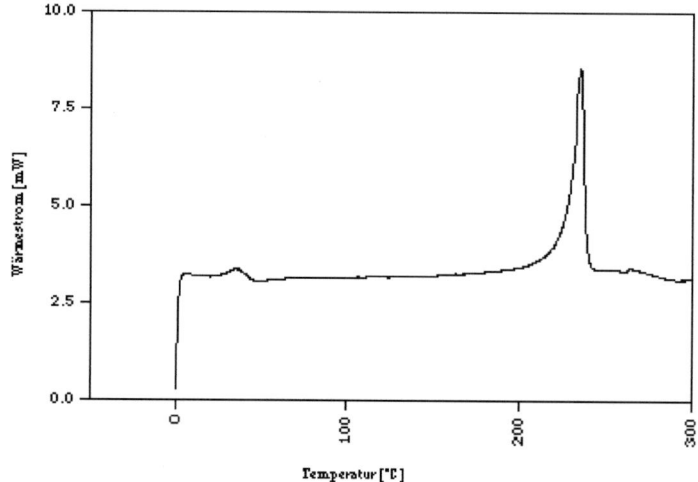

Abbildung 21: Differential-Scanning-Calorimetry von Poly-4-methyl-1-penten (PMP)

Bezeichnung	Abk.
7.1.3 Polypropylen	PP

KENNDATEN	
Mechanisch	
Kugeldruckhärte H [N/mm^2]	40 - 90
Dichte [g/cm^3]	0.894 – 0.925
Zugfestigkeit [N/mm^2]	18 – 45
Elastizitätsmodul [N/mm^2]	500 – 3560
Streckspannung [N/mm^2]	3 – 44
Streckdehnung [%]	3.5 - 18
Reissdehnung [%]	20 - 60
Zug-Kriechmodul (1h) [N/mm^2]	300 – 1200
Zug-Kriechmodul (1000h) [N/mm^2]	180 – 500
Schubmodul [N/mm^2]	200 – 1000
Izod-Schlagzähigkeit [kJ/m^2]	Keine Angaben
Gleitreibungskoeffizient (gegen Stahl Härte > 52 HRC, Randtiefe 2x10^{-6}m, ohne Schmierung)	0.25 – 0.30
Thermisch	
Gebrauchstemperaturbereich [°C]	100 – 110
Nebenerweichungstemperatur Tn [°C]	Keine Angaben
Kristallitschmelztemperatur Tm [°C]	160 – 170
Schmelzbereich [°C]	160 – 170
Erweichungsbereich [°C]	Keine Angaben
Glasübergangstemperatur Tg [°C]	(-25) – (-5)
Fliesstemperatur Tf[°C]	Keine Angaben
Schwindungsverhalten [%]	1.0 – 2.5
Vicat A50 (10N) [°C]	130 - 155
Thermischer Längenausdehnungskoeffizient [E-4/K]	0.45 2.2
Wärmeleitfähigkeit [W/mxK]	0.2 – 0.22
Formbeständigkeit HDT/A (1.8N/mm2) [°C]	40 - 136
Optisch	
Brechzahl [ ]	1.48 – 1.50
Lichttransmissionsgrad [%]	Keine Angaben
Elektrisch	
Dielektrizitätszahl (50Hz) [ ]	Keine Angaben
Elektrische Durchschlagsfestigkeit [kV/mm]	Keine Angaben

Aufbau, Molekülformel:

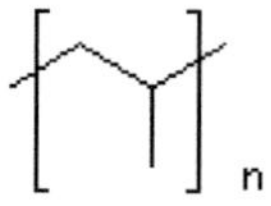

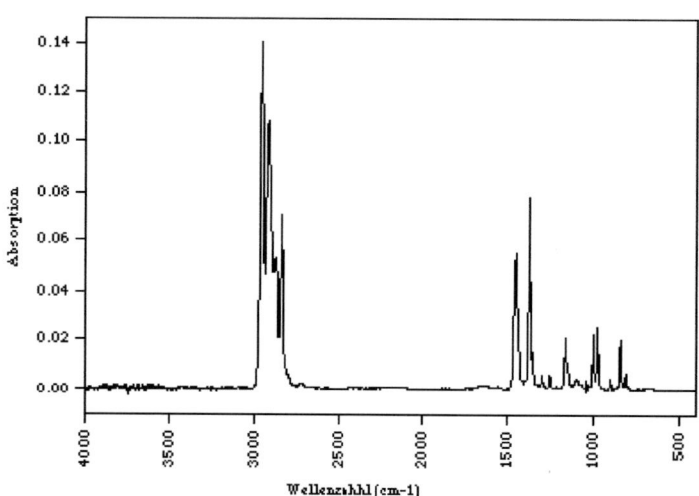

Abbildung 22: Molekülformel von Polypropylen (PP)

Teilkristallin; unpolar. Isotaktische Anordnung.
Herstellungsverfahren: Additionspolymerisation als Kettenreaktion.
(Stereospezifische Polymerisation)

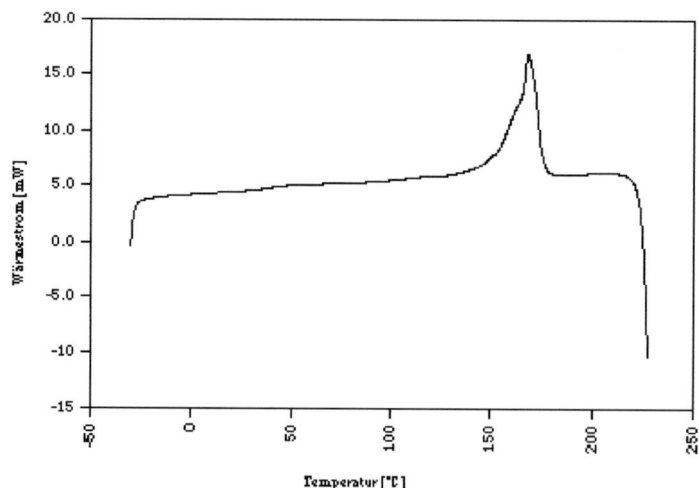

Abbildung 23: Infrarot-Spektroskopie von Polypropylen (PP)

Abbildung 24: Differential-Scanning-Calorimetry von Polypropylen (PP)

7.2 Polymere mit Heteroatomen in der Hauptkette

Bezeichnung	Abk.
7.2.1 Polyamid	PA

KENNDATEN	
Mechanisch	
Kugeldruckhärte H [N/mm^2]	60 – 170
Dichte [g/cm^3]	1.02 – 1.22
Zugfestigkeit [N/mm^2]	90 – 101
Elastizitätsmodul [N/mm^2]	3300 – 4800
Streckspannung [N/mm^2]	90 – 101
Streckdehnung [%]	2.3 – 8.0
Reissdehnung [%]	2 – 15
Zug-Kriechmodul (1h) [N/mm^2]	430 – 2350
Zug-Kriechmodul (1000h) [N/mm^2]	0 – 310
Schubmodul [N/mm^2]	350 – 1100
Izod-Schlagzähigkeit [kJ/m^2]	Keine Angaben
Gleitreibungskoeffizient (gegen Stahl Härte > 52 HRC, Randtiefe 2x10^{-6}m, ohne Schmierung)	0.30 – 0.45
Thermisch	
Gebrauchstemperaturbereich [°C]	70 – 145
Nebenerweichungstemperatur Tn [°C]	(-130) – (-120)
Kristallitschmelztemperatur Tm [°C]	175 – 265
Schmelzbereich [°C]	170 – 260
Erweichungsbereich [°C]	Keine Angaben
Glasübergangstemperatur Tg [°C]	35 – 150
Fliesstemperatur Tf[°C]	Keine Angaben
Schwindungsverhalten [%]	0.4 – 2.2
Vicat A50 (10N) [°C]	Keine Angaben
Thermischer Längenausdehnungskoeffizient [E-4/K]	Keine Angaben
Wärmeleitfähigkeit [W/mxK]	0.27 – 0.31
Formbeständigkeit HDT/A (1.8N/mm2) [°C]	96 – 107
Optisch	
Brechzahl [ ]	1.52 – 1.54
Lichttransmissionsgrad [%]	Keine Angaben
Elektrisch	
Dielektrizitätszahl (50Hz) [ ]	Keine Angaben
Elektrische Durchschlagsfestigkeit [kV/mm]	27 - 28

Aufbau, Molekülformel:

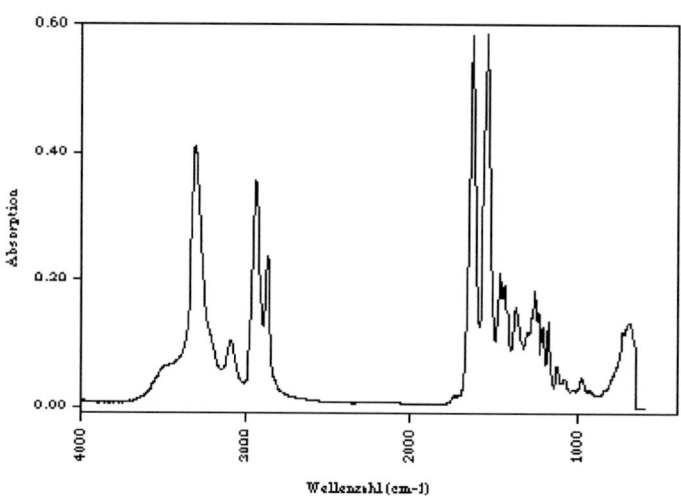

Abbildung 25: Molekülformel von Polyamid (PA)

Teilkristallin, polar.
Herstellungsverfahren: Kondensationspolymerisation: [HN-(CH$_2$)x-HN-CO-(CH$_2$)y-CO-]
Additionspolymerisation als Kettenreaktion:[HN-(CH$_2$)x-CO-]

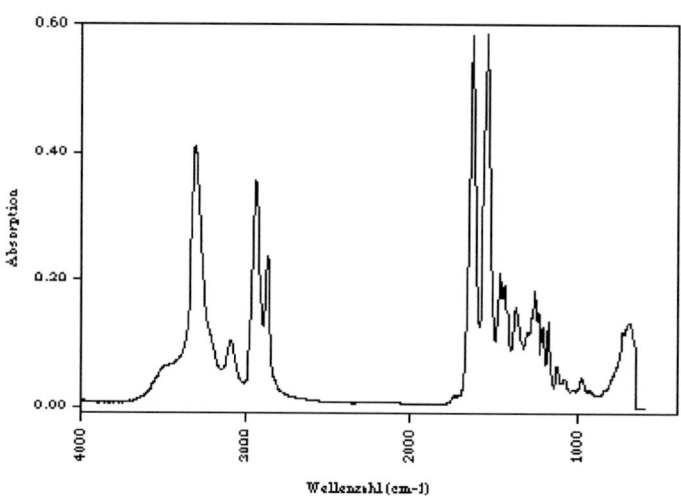

Abbildung 26: Infrarot-Spektroskopie von Polyamid (PA)

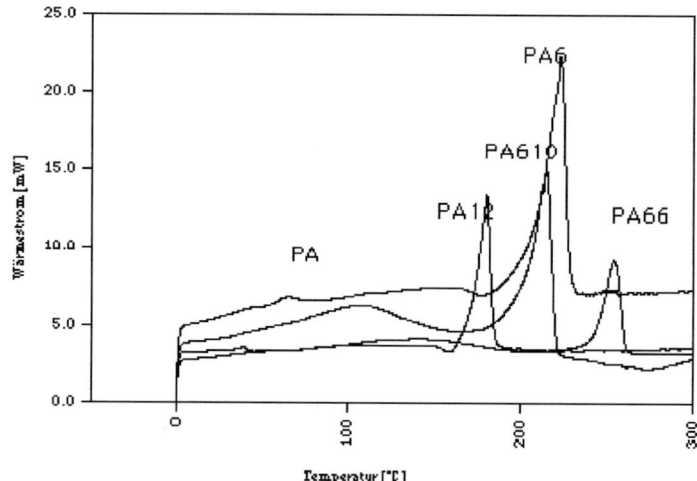

Abbildung 27: Differential-Scanning-Calorimetry von Polyamid (PA)

7.3 Polystyrol und seine Modifikationen

Bezeichnung	Abk.
7.3.1 Polystyrol	PS

KENNDATEN	
Mechanisch	
Kugeldruckhärte H [N/mm^2]	150 – 170
Dichte [g/cm^3]	0.99 – 1.05
Zugfestigkeit [N/mm^2]	25 – 60
Elastizitätsmodul [N/mm^2]	2800 -4700
Streckspannung [N/mm^2]	25 – 60
Streckdehnung [%]	2.0 – 3.0
Reissdehnung [%]	1.0 – 30.0
Zug-Kriechmodul (1h) [N/mm^2]	2700 – 3400
Zug-Kriechmodul (1000h) [N/mm^2]	1800 – 2600
Schubmodul [N/mm^2]	1140 – 1450
Izod-Schlagzähigkeit [kJ/m^2]	6 – 17
Gleitreibungskoeffizient (gegen Stahl Härte > 52 HRC, Randtiefe 2x10^{-6}m, ohne Schmierung)	0.4 – 0.5
Thermisch	
Gebrauchstemperaturbereich [°C]	60 – 78
Nebenerweichungstemperatur Tn [°C]	(-240) – (-230)
Kristallitschmelztemperatur Tm [°C]	Keine Angaben
Schmelzbereich [°C]	70 – 115
Erweichungsbereich [°C]	Keine Angaben
Glasübergangstemperatur Tg [°C]	90 – 100
Fliesstemperatur Tf[°C]	155 – 165
Schwindungsverhalten [%]	0.4 – 0.7
Vicat A50 (10N) [°C]	88 – 106
Thermischer Längenausdehnungskoeffizient [E-4/K]	0.5 – 1.4
Wärmeleitfähigkeit [W/mxK]	0.16 – 0.17
Formbeständigkeit HDT/A (1.8N/mm2) [°C]	70 – 98
Optisch	
Brechzahl [ ]	1.58 – 1.59
Lichttransmissionsgrad [%]	89 – 90
Elektrisch	
Dielektrizitätszahl (50Hz) [ ]	2.4 – 2.6
Elektrische Durchschlagsfestigkeit [kV/mm]	12 - 135

Aufbau, Molekülformel:

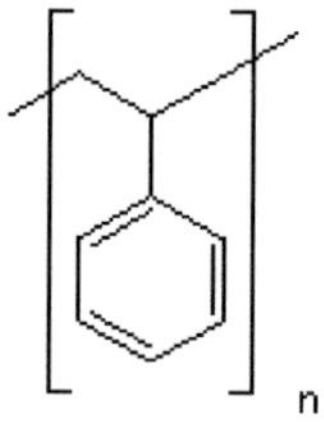

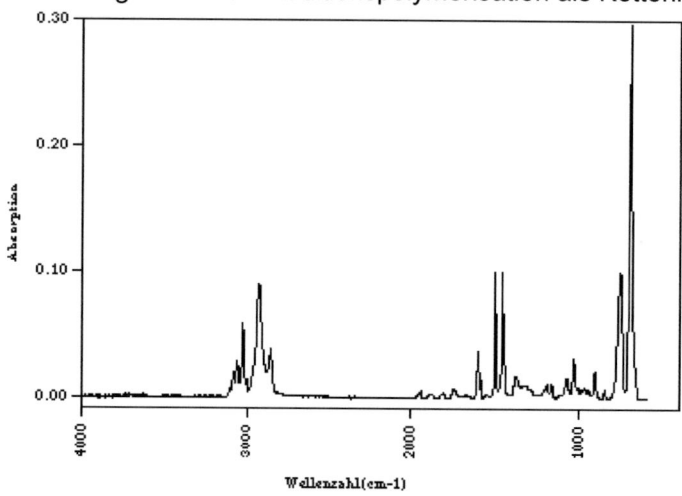

Abbildung 28: Molekülformel von Polystyrol (PS)

Poly(1-phenylethylen). Amorpher, polarer Thermoplast.
Herstellungsverfahren: Additionspolymerisation als Kettenreaktion.

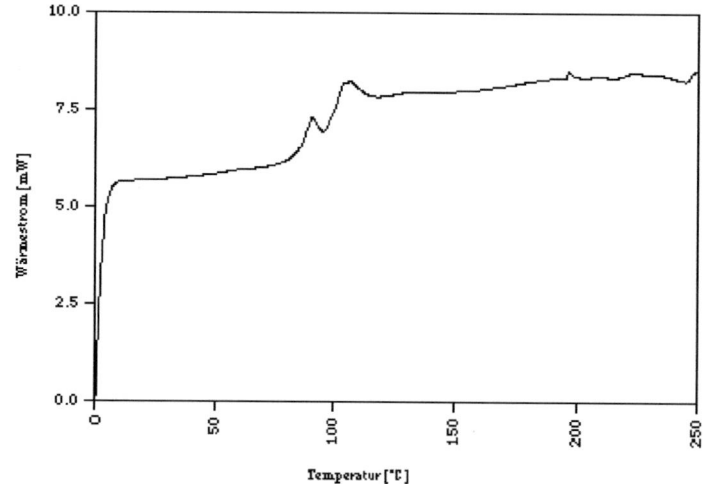

Abbildung 29: Infrarot-Spektroskopie von Polystyrol (PS)

Abbildung 30: Differential-Scanning-Calorimetry von Polystyrol (PS)

Bezeichnung	Abk.
7.3.2 Acrylnitril/Butadien/Styrol-Copolymer	ABS

KENNDATEN	
Mechanisch	
Kugeldruckhärte H [N/mm^2]	61 – 127
Dichte [g/cm^3]	1.01 – 1.13
Zugfestigkeit [N/mm^2]	32 – 55
Elastizitätsmodul [N/mm^2]	1600 – 3000
Streckspannung [N/mm^2]	25 – 60
Streckdehnung [%]	1.8 – 7.0
Reissdehnung [%]	5 – 60
Zug-Kriechmodul (1h) [N/mm^2]	1300 – 2100
Zug-Kriechmodul (1000h) [N/mm^2]	1050 – 1650
Schubmodul [N/mm^2]	700 – 950
Izod-Schlagzähigkeit [kJ/m^2]	Keine Angaben
Gleitreibungskoeffizient (gegen Stahl Härte > 52 HRC, Randtiefe 2x10^{-6}m, ohne Schmierung)	0.5 – 0.65
Thermisch	
Gebrauchstemperaturbereich [°C]	80 – 105
Nebenerweichungstemperatur Tn [°C]	Keine Angaben
Kristallitschmelztemperatur Tm [°C]	Keine Angaben
Schmelzbereich [°C]	90 – 98
Erweichungsbereich [°C]	Keine Angaben
Glasübergangstemperatur Tg [°C]	105 – 125
Fliesstemperatur Tf[°C]	Keine Angaben
Schwindungsverhalten [%]	0.4 – 0.8
Vicat A50 (10N) [°C]	106 – 109
Thermischer Längenausdehnungskoeffizient [E-4/K]	0.6 – 0.9
Wärmeleitfähigkeit [W/mxK]	0.15 – 0.17
Formbeständigkeit HDT/A (1.8N/mm2) [°C]	75 – 113
Optisch	
Brechzahl [ ]	1.51 – 1.53
Lichttransmissionsgrad [%]	Keine Angaben
Elektrisch	
Dielektrizitätszahl (50Hz) [ ]	2.4 – 3.1
Elektrische Durchschlagsfestigkeit [kV/mm]	9 - 30

Aufbau, Molekülformel:

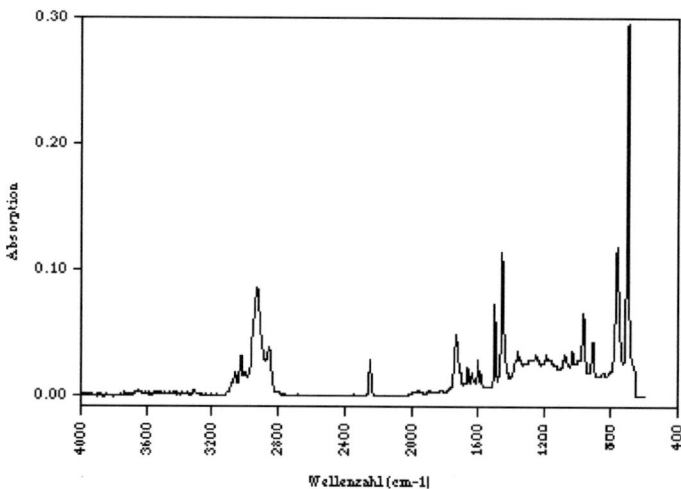

Abbildung 31: Molekülformel von Acrylnitril/Butadien/Styrol-Copolymer (ABS)

Styrol + Butadien + Acrylnitril. Poly[2-butenylen-2(poly(1-cyanoethylen-co-1-phenylethylen))-co-1-cyanoethylen]. Amorpher Thermoplast. Mit grossen Variationsmöglichkeiten im Aufbau. Herstellungsverfahren: Copolymerisation.

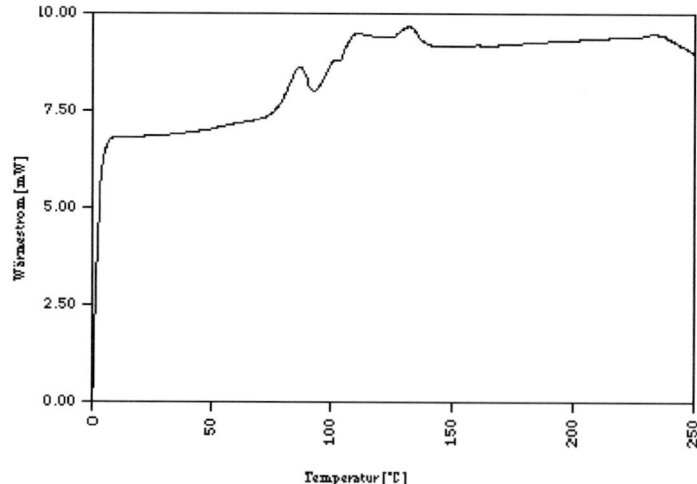

Abbildung 32: Infrarot-Spektroskopie von Acrylnitril/Butadien/Styrol-Copolymer (ABS)

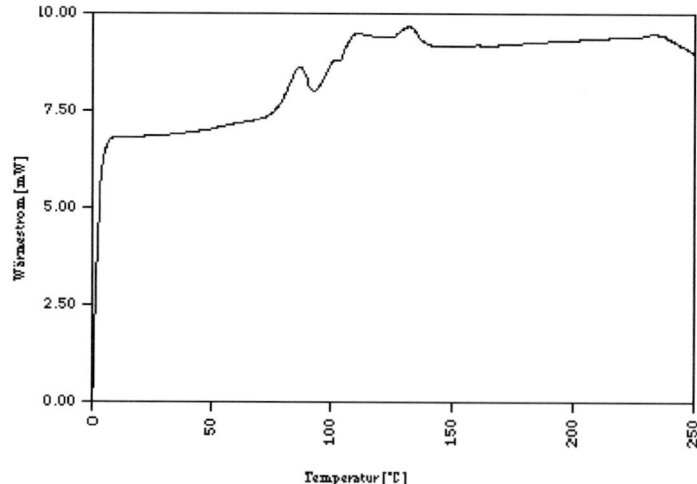

Abbildung 33: Differential-Scanning-Calorimetry von Acrylnitril/Butadien/Styrol-Copolymer (ABS)

Bezeichnung	Abk.
7.3.3 Styrol/Acrylnitril Copolymer	SAN

KENNDATEN	
Mechanisch	
Kugeldruckhärte H [N/mm^2]	160 – 170
Dichte [g/cm^3]	1.06 – 1.09
Zugfestigkeit [N/mm^2]	60 – 84
Elastizitätsmodul [N/mm^2]	3350 – 3900
Streckspannung [N/mm^2]	65 – 82
Streckdehnung [%]	2.0 – 3.0
Reissdehnung [%]	2.0 – 4.0
Zug-Kriechmodul (1h) [N/mm^2]	3400 – 3600
Zug-Kriechmodul (1000h) [N/mm^2]	2300 – 2800
Schubmodul [N/mm^2]	1180 – 1550
Izod-Schlagzähigkeit [kJ/m^2]	13 – 26
Gleitreibungskoeffizient (gegen Stahl Härte > 52 HRC, Randtiefe 2x10^{-6}m, ohne Schmierung)	0.45 – 0.55
Thermisch	
Gebrauchstemperaturbereich [°C]	85 – 95
Nebenerweichungstemperatur Tn [°C]	Keine Angaben
Kristallitschmelztemperatur Tm [°C]	Keine Angaben
Schmelzbereich [°C]	Keine Angaben
Erweichungsbereich [°C]	Keine Angaben
Glasübergangstemperatur Tg [°C]	100 – 110
Fliesstemperatur Tf[°C]	170 – 190
Schwindungsverhalten [%]	0.4 – 0.6
Vicat A50 (10N) [°C]	106 – 110
Thermischer Längenausdehnungskoeffizient [E-4/K]	0.42 – 0.75
Wärmeleitfähigkeit [W/mxK]	0.15 – 0.17
Formbeständigkeit HDT/A (1.8N/mm2) [°C]	96 – 104
Optisch	
Brechzahl [ ]	1.56 – 1.57
Lichttransmissionsgrad [%]	89 – 91
Elektrisch	
Dielektrizitätszahl (50Hz) [ ]	2.9 – 3.1
Elektrische Durchschlagsfestigkeit [kV/mm]	9.1 – 24

Aufbau, Molekülformel:

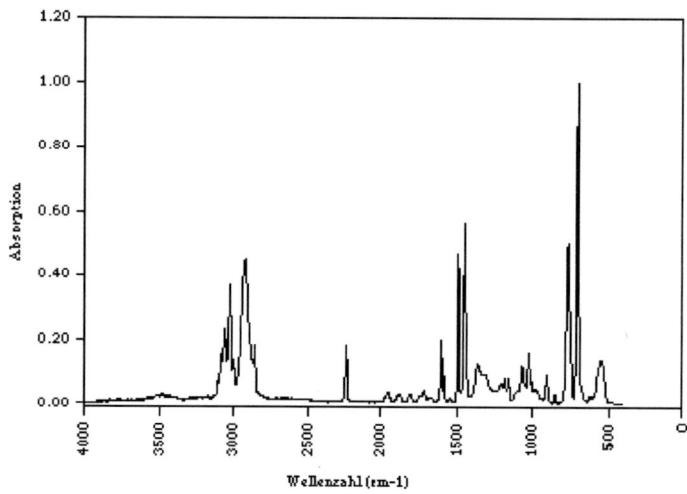

Abbildung 34: Molekülformel von Styrol/Acrylnitril-Copolymer (SAN)

Styrol + rd. 25 bis 30% Acrylnitril. Poly(1-cyanoethylen-co-1-phenylethylen)
Amorpher Thermoplast.
Herstellungsverfahren: Lösungs-, Suspensions- oder Fällungspolymerisation.

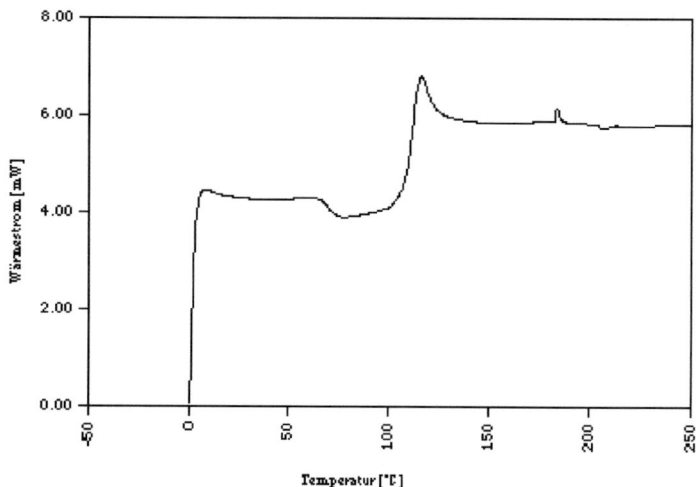

Abbildung 35: Infrarot-Spektroskopie von Styrol/Acrylnitril-Copolymer (SAN)

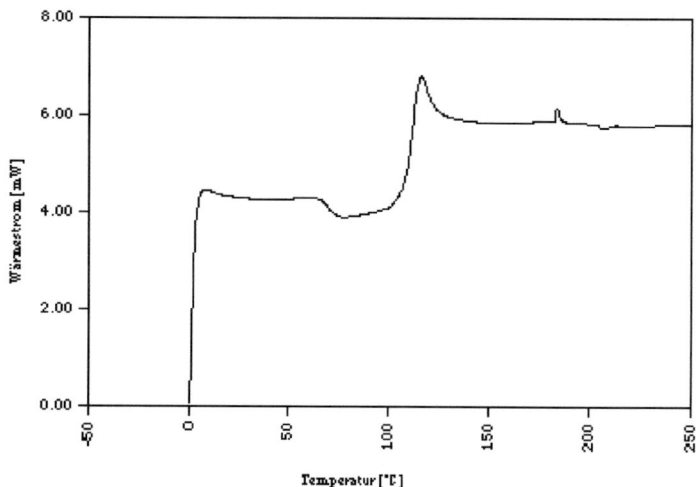

Abbildung 36: Differential-Scanning-Calorimetry von Styrol/Acrylnitril-Copolymer (SAN)

Bezeichnung	Abk.
7.3.4 Schlagfestes Polystyrol	SB

KENNDATEN	
Mechanisch	
Kugeldruckhärte H [N/mm^2]	58 – 130
Dichte [g/cm^3]	1.01 – 1.05
Zugfestigkeit [N/mm^2]	26 – 38
Elastizitätsmodul [N/mm^2]	1500 – 3000
Streckspannung [N/mm^2]	Keine Angaben
Streckdehnung [%]	Keine Angaben
Reissdehnung [%]	Keine Angaben
Zug-Kriechmodul (1h) [N/mm^2]	Keine Angaben
Zug-Kriechmodul (1000h) [N/mm^2]	Keine Angaben
Schubmodul [N/mm^2]	600 – 1100
Izod-Schlagzähigkeit [kJ/m^2]	10 – 80
Gleitreibungskoeffizient (gegen Stahl Härte > 52 HRC, Randtiefe 2x10^{-6}m, ohne Schmierung)	0.45 – 0.55
Thermisch	
Gebrauchstemperaturbereich [°C]	60 – 78
Nebenerweichungstemperatur Tn [°C]	Keine Angaben
Kristallitschmelztemperatur Tm [°C]	Keine Angaben
Schmelzbereich [°C]	Keine Angaben
Erweichungsbereich [°C]	Keine Angaben
Glasübergangstemperatur Tg [°C]	90 – 95
Fliesstemperatur Tf[°C]	Keine Angaben
Schwindungsverhalten [%]	0.4 – 0.7
Vicat A50 (10N) [°C]	Keine Angaben
Thermischer Längenausdehnungskoeffizient [E-4/K]	0.5 – 0.7
Wärmeleitfähigkeit [W/mxK]	0.16 – 0.17
Formbeständigkeit HDT/A (1.8N/mm2) [°C]	Keine Angaben
Optisch	
Brechzahl [ ]	Keine Angaben
Lichttransmissionsgrad [%]	Keine Angaben
Elektrisch	
Dielektrizitätszahl (50Hz) [ ]	Keine Angaben
Elektrische Durchschlagsfestigkeit [kV/mm]	100 – 150

Aufbau, Molekülformel:

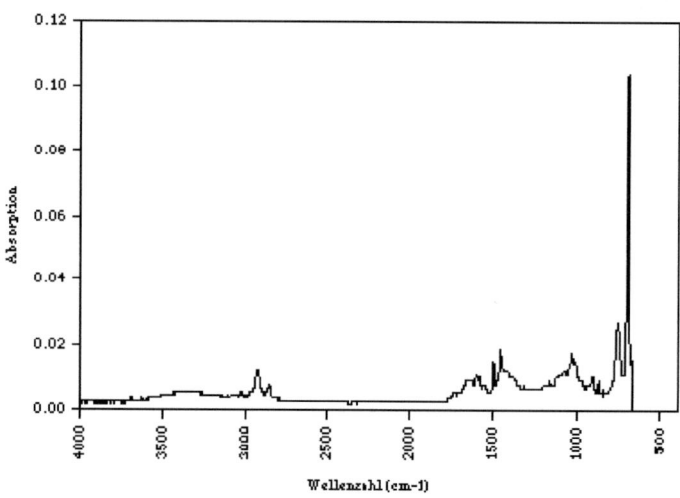

Abbildung 37: Molekülformel von schlagfestem Polystyrol (SB)

Styrol + Butadien. Poly[(cis-2-butenylen)-2-(2,3-poly(1-phenylethylen))]
Amorpher Thermoplast. Herstellungsverfahren: Copolymerisation.

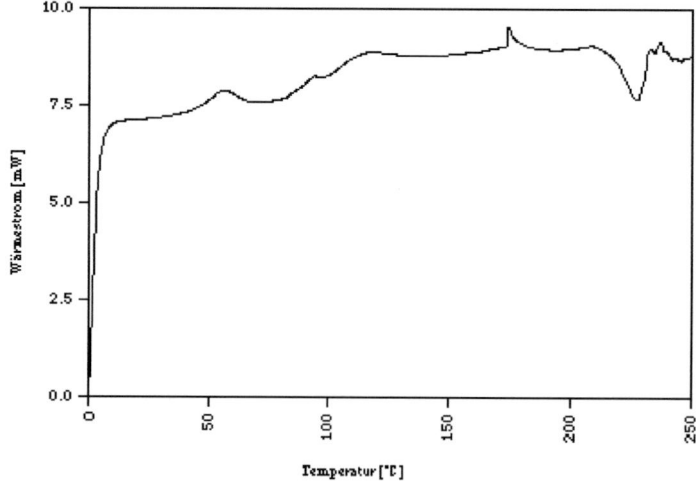

Abbildung 38: Infrarot-Spektroskopie von schlagfestem Polystyrol (SB)

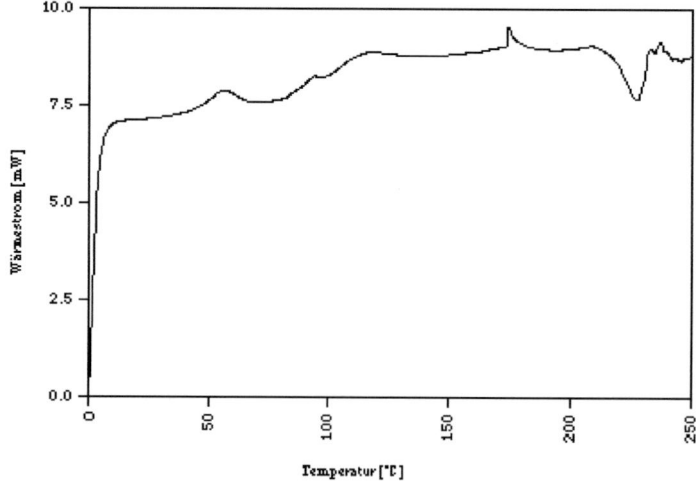

Abbildung 39: Differential-Scanning-Calorimetry von schlagfestem Polystyrol (SB)

7.4 Lineare Polyester

Bezeichnung	Abk.
7.4.1 Polyester thermoplastisch	PETP/PBTP

KENNDATEN	
Mechanisch	
Kugeldruckhärte H [N/mm^2]	90 – 150
Dichte [g/cm^3]	1.27 – 1.40
Zugfestigkeit [N/mm^2]	45 – 60
Elastizitätsmodul [N/mm^2]	2300 – 3200
Streckspannung [N/mm^2]	40 – 65
Streckdehnung [%]	3.5 – 12
Reissdehnung [%]	16 – 60
Zug-Kriechmodul (1h) [N/mm^2]	2300 – 3200
Zug-Kriechmodul (1000h) [N/mm^2]	800 – 2650
Schubmodul [N/mm^2]	850 – 1280
Izod-Schlagzähigkeit [kJ/m^2]	Keine Angaben
Gleitreibungskoeffizient (gegen Stahl Härte > 52 HRC, Randtiefe 2x10^{-6}m, ohne Schmierung)	0.25 – 0.35
Thermisch	
Gebrauchstemperaturbereich [°C]	100 – 120
Nebenerweichungstemperatur Tn [°C]	(-80) – (-50)
Kristallitschmelztemperatur Tm [°C]	220 – 265
Schmelzbereich [°C]	Keine Angaben
Erweichungsbereich [°C]	220 – 260
Glasübergangstemperatur Tg [°C]	40 – 90
Fliesstemperatur Tf[°C]	Keine Angaben
Schwindungsverhalten [%]	1.3 – 2.0
Vicat A50 (10N) [°C]	210 – 220
Thermischer Längenausdehnungskoeffizient [E-4/K]	0.57 – 1.6
Wärmeleitfähigkeit [W/mxK]	0.21 – 0.29
Formbeständigkeit HDT/A (1.8N/mm2) [°C]	49 – 85
Optisch	
Brechzahl [ ]	1.57 – 1.59
Lichttransmissionsgrad [%]	Keine Angaben
Elektrisch	
Dielektrizitätszahl (50Hz) [ ]	3.2 – 3.8
Elektrische Durchschlagsfestigkeit [kV/mm]	12 - 135

Aufbau, Molekülformel:

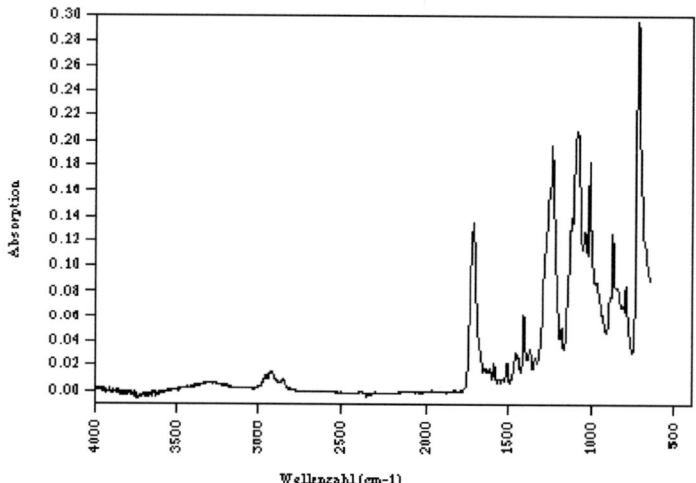

Abbildung 40: Molekülformel von thermoplastischem Polyester (PET/PBT)

PET Poly(oxyethylenoxytherephthaloyl), PBT Poly(oxytetraethylenoxytherephthaloyl)
Teilkristalliner, polarer Thermoplast. Herstellungsverf. Kondensationspolymerisation

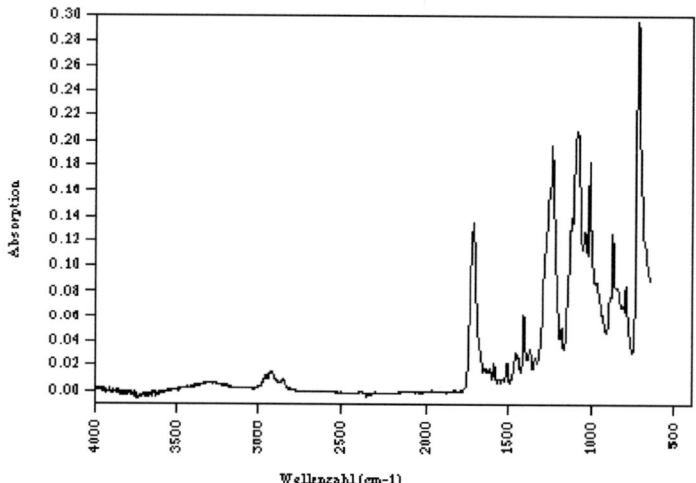

Abbildung 41: Infrarot-Spektroskopie von thermoplastischem Polyester (PET/PBT)

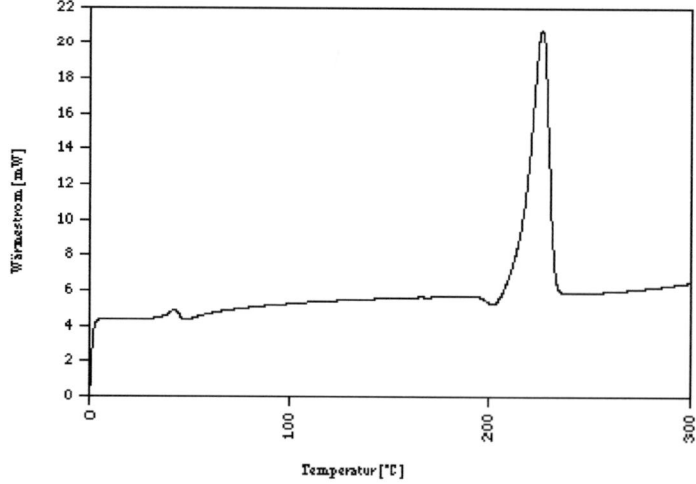

Abbildung 42: Differential-Scanning-Calorimetry von thermoplastischem Polyester (PET/PBT)

Bezeichnung	Abk.
7.4.2 Polycarbonat	PC

KENNDATEN	
Mechanisch	
Kugeldruckhärte H [N/mm^2]	100 – 110
Dichte [g/cm^3]	1.05 – 1.26
Zugfestigkeit [N/mm^2]	49 – 75
Elastizitätsmodul [N/mm^2]	1600 – 3600
Streckspannung [N/mm^2]	12 – 65
Streckdehnung [%]	5 – 11
Reissdehnung [%]	9 – 60
Zug-Kriechmodul (1h) [N/mm^2]	1300 – 2100
Zug-Kriechmodul (1000h) [N/mm^2]	900 – 1700
Schubmodul [N/mm^2]	750 – 900
Izod-Schlagzähigkeit [kJ/m^2]	Keine Angaben
Gleitreibungskoeffizient (gegen Stahl Härte > 52 HRC, Randtiefe 2x10^{-6}m, ohne Schmierung)	0.45 – 0.55
Thermisch	
Gebrauchstemperaturbereich [°C]	120 – 130
Nebenerweichungstemperatur Tn [°C]	(-105) – (-95)
Kristallitschmelztemperatur Tm [°C]	Keine Angaben
Schmelzbereich [°C]	160 – 170
Erweichungsbereich [°C]	Keine Angaben
Glasübergangstemperatur Tg [°C]	145 – 160
Fliesstemperatur Tf [°C]	235 – 245
Schwindungsverhalten [%]	0.7 – 0.8
Vicat A50 (10N) [°C]	140 – 155
Thermischer Längenausdehnungskoeffizient [E-4/K]	0.35 – 0.83
Wärmeleitfähigkeit [W/mxK]	0.21 – 0.23
Formbeständigkeit HDT/A (1.8N/mm2) [°C]	80 – 143
Optisch	
Brechzahl [ ]	1.58 – 1.59
Lichttransmissionsgrad [%]	86 – 90
Elektrisch	
Dielektrizitätszahl (50Hz) [ ]	2.6 – 3.1
Elektrische Durchschlagsfestigkeit [kV/mm]	15 - 30

Aufbau, Molekülformel:

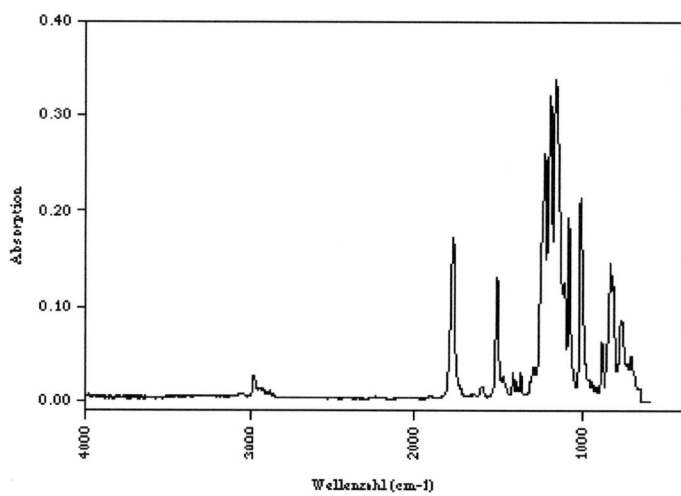

Abbildung 43: Molekülformel von Polycarbonat (PC)

Poly(oxycarbonyloxy-1,4-phenylenisopropyliden-1,4-phenylen.
Amorpher, polarer Thermoplast. Herstellungsverfahren: Kondensationspolymerisation

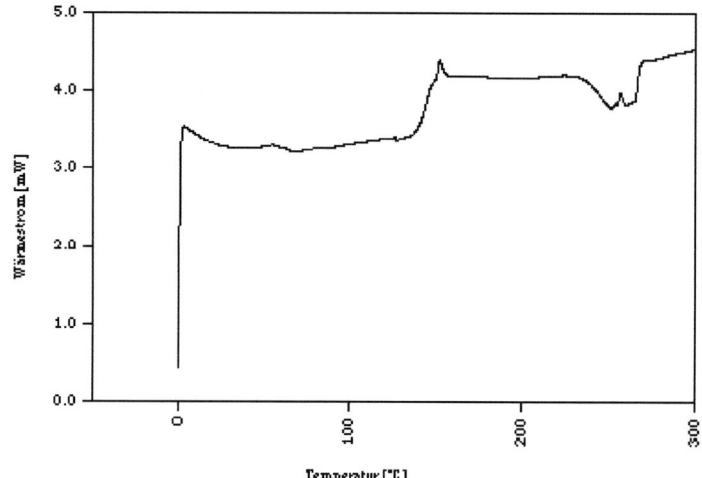

Abbildung 44: Infrarot-Spektroskopie von Polycarbonat (PC)

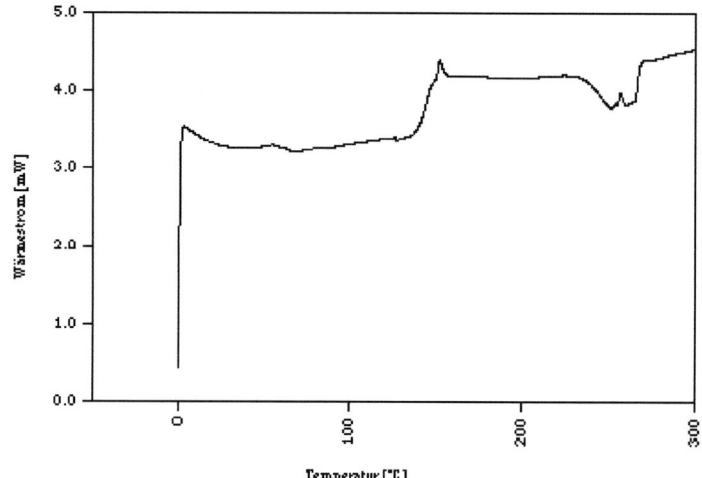

Abbildung 45: Differential-Scanning-Calorimetry von Polycarbonat (PC)

7.5 Acrylpolymerisate

Bezeichnung	Abk.
7.5.1 Polymethylmethacrylat	PMMA

KENNDATEN	
Mechanisch	
Kugeldruckhärte H [N/mm^2]	170 – 200
Dichte [g/cm^3]	1.16 – 1.22
Zugfestigkeit [N/mm^2]	49 – 91
Elastizitätsmodul [N/mm^2]	3100 – 3600
Streckspannung [N/mm^2]	45 – 91
Streckdehnung [%]	4.5 – 5.5
Reissdehnung [%]	2 – 50
Zug-Kriechmodul (1h) [N/mm^2]	2500 – 2700
Zug-Kriechmodul (1000h) [N/mm^2]	1700 – 1900
Schubmodul [N/mm^2]	1600 – 1800
Izod-Schlagzähigkeit [kJ/m^2]	12 – 16
Gleitreibungskoeffizient (gegen Stahl Härte > 52 HRC, Randtiefe 2x10^{-6}m, ohne Schmierung)	0.45 – 0.55
Thermisch	
Gebrauchstemperaturbereich [°C]	70 – 100
Nebenerweichungstemperatur Tn [°C]	19 – 21
Kristallitschmelztemperatur Tm [°C]	Keine Angaben
Schmelzbereich [°C]	120 – 160
Erweichungsbereich [°C]	Keine Angaben
Glasübergangstemperatur Tg [°C]	70 – 120
Fliesstemperatur Tf[°C]	175 – 185
Schwindungsverhalten [%]	0.3 – 0.8
Vicat A50 (10N) [°C]	Keine Angaben
Thermischer Längenausdehnungskoeffizient [E-4/K]	0.47 – 1.75
Wärmeleitfähigkeit [W/mxK]	0.18 – 0.19
Formbeständigkeit HDT/A (1.8N/mm2) [°C]	75 – 106
Optisch	
Brechzahl [ ]	1.49 – 1.51
Lichttransmissionsgrad [%]	91 – 93
Elektrisch	
Dielektrizitätszahl (50Hz) [ ]	3.5 – 3.7
Elektrische Durchschlagsfestigkeit [kV/mm]	17 – 30

Aufbau, Molekülformel:

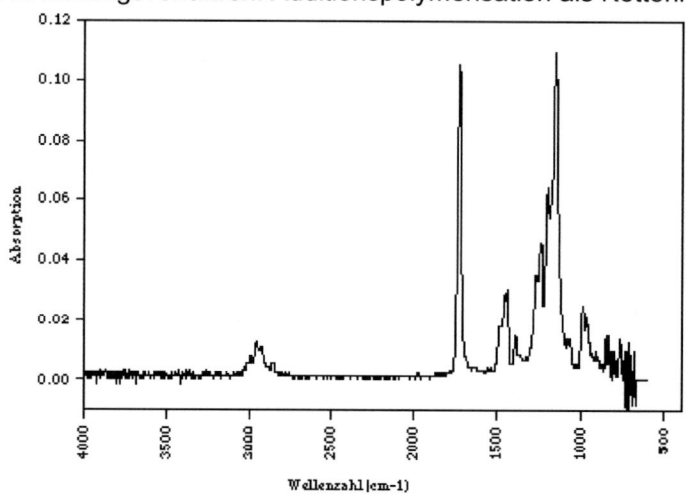

Abbildung 46: Molekülformel von Polymethylmethacrylat (PMMA)

Poly[1-(methoxycarbonyl)-1-methylethylen]. Amorpher, polarer Thermoplast.
Herstellungsverfahren: Additionspolymerisation als Kettenreaktion.

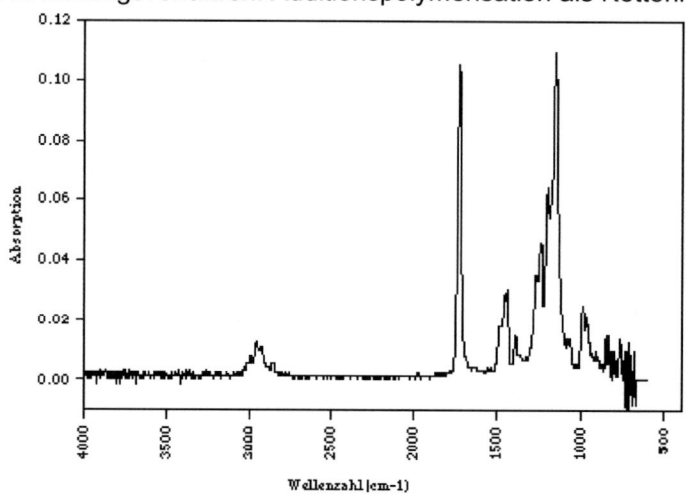

Abbildung 47: Infrarot-Spektroskopie von Polymethylmethacrylat (PMMA)

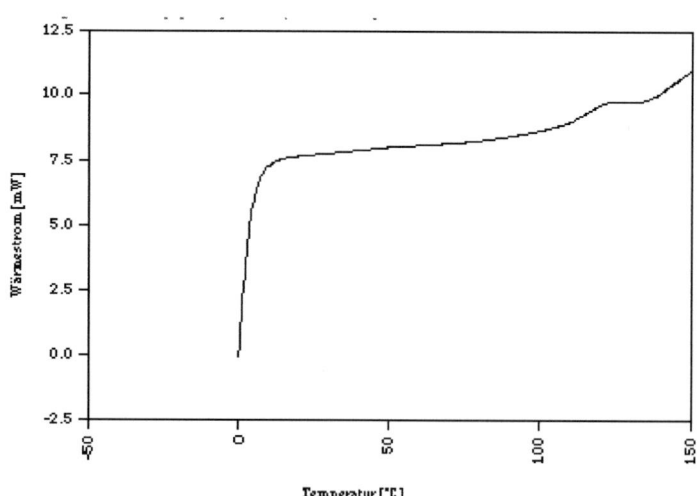

Abbildung 48: Differential-Scanning-Calorimetry von Polymethylmethacrylat (PMMA)

7.6 Polyacetale

Bezeichnung	Abk.
7.6.1 Polyoxymethylen	POM

KENNDATEN	
Mechanisch	
Kugeldruckhärte H [N/mm^2]	155 – 175
Dichte [g/cm^3]	1.40 – 1.43
Zugfestigkeit [N/mm^2]	61 – 64
Elastizitätsmodul [N/mm^2]	2300 – 3100
Streckspannung [N/mm^2]	57 – 71
Streckdehnung [%]	8 - 12
Reissdehnung [%]	5 - 60
Zug-Kriechmodul (1h) [N/mm^2]	1800 – 2750
Zug-Kriechmodul (1000h) [N/mm^2]	1000 – 1450
Schubmodul [N/mm^2]	850 – 1100
Izod-Schlagzähigkeit [kJ/m^2]	90 - 110
Gleitreibungskoeffizient (gegen Stahl Härte > 52 HRC, Randtiefe 2x10^{-6}m, ohne Schmierung)	0.30 – 0.35
Thermisch	
Gebrauchstemperaturbereich [°C]	85 – 105
Nebenerweichungstemperatur Tn [°C]	(-96) – (-94)
Kristallitschmelztemperatur Tm [°C]	165 – 175
Schmelzbereich [°C]	165 – 185
Erweichungsbereich [°C]	Keine Angaben
Glasübergangstemperatur Tg [°C]	(-85) – (-50)
Fliesstemperatur Tf[°C]	Keine Angaben
Schwindungsverhalten [%]	1.7 – 2.8
Vicat A50 (10N) [°C]	171 – 174
Thermischer Längenausdehnungskoeffizient [E-4/K]	0.8 – 1.3
Wärmeleitfähigkeit [W/mxK]	0.36 – 0.38
Formbeständigkeit HDT/A (1.8N/mm2) [°C]	96 - 112
Optisch	
Brechzahl [ ]	1.47 – 1.49
Lichttransmissionsgrad [%]	Keine Angaben
Elektrisch	
Dielektrizitätszahl (50Hz) [ ]	3.8 – 4.0
Elektrische Durchschlagsfestigkeit [kV/mm]	19 - 50

Aufbau, Molekülformel:

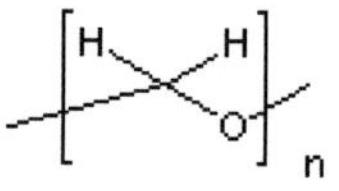

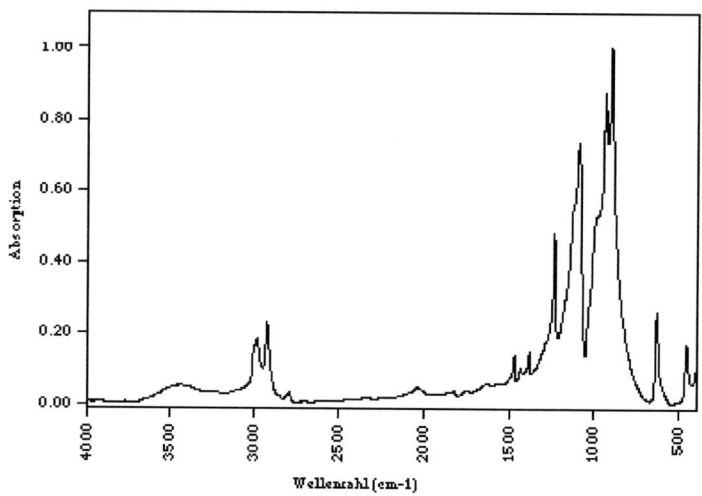

Abbildung 49: Molekülformel von Polyoxymethylen (POM)

Hochkristallin. Herstellungsverfahren: Additionspolymerisation als Kettenreaktion

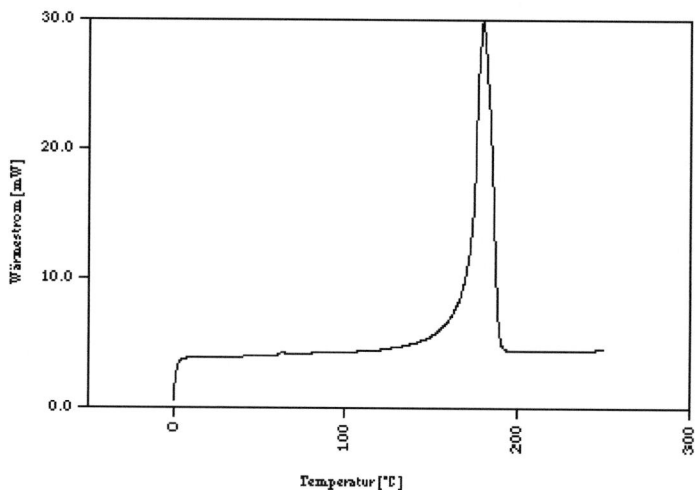

Abbildung 50: Infrarot-Spektroskopie von Polyoxymethylen (POM)

Abbildung 51: Differential-Scanning-Calorimetry von Polyoxymethylen (POM)

7.7 Polycarbamate

Bezeichnung	Abk.
7.7.1 Polyurethan linear	PUR linear

KENNDATEN	
Mechanisch	
Kugeldruckhärte H [N/mm^2]	0 – 60
Dichte [g/cm^3]	1.14 – 1.26
Zugfestigkeit [N/mm^2]	30 – 40
Elastizitätsmodul [N/mm^2]	700 – 1000
Streckspannung [N/mm^2]	Keine Angaben
Streckdehnung [%]	Keine Angaben
Reissdehnung [%]	0 – 450
Zug-Kriechmodul (1h) [N/mm^2]	Keine Angaben
Zug-Kriechmodul (1000h) [N/mm^2]	0 – 875
Schubmodul [N/mm^2]	10 – 450
Izod-Schlagzähigkeit [kJ/m^2]	Keine Angaben
Gleitreibungskoeffizient (gegen Stahl Härte > 52 HRC, Randtiefe 2x10^{-6}m, ohne Schmierung)	Keine Angaben
Thermisch	
Gebrauchstemperaturbereich [°C]	75 – 85
Nebenerweichungstemperatur Tn [°C]	Keine Angaben
Kristallitschmelztemperatur Tm [°C]	Keine Angaben
Schmelzbereich [°C]	Keine Angaben
Erweichungsbereich [°C]	Keine Angaben
Glasübergangstemperatur Tg [°C]	Keine Angaben
Fliesstemperatur Tf[°C]	Keine Angaben
Schwindungsverhalten [%]	1.0 – 2.0
Vicat A50 (10N) [°C]	Keine Angaben
Thermischer Längenausdehnungskoeffizient [E-4/K]	Keine Angaben
Wärmeleitfähigkeit [W/mxK]	Keine Angaben
Formbeständigkeit HDT/A (1.8N/mm2) [°C]	Keine Angaben
Optisch	
Brechzahl [ ]	Keine Angaben
Lichttransmissionsgrad [%]	Keine Angaben
Elektrisch	
Dielektrizitätszahl (50Hz) [ ]	Keine Angaben
Elektrische Durchschlagsfestigkeit [kV/mm]	Keine Angaben

Aufbau, Molekülformel:

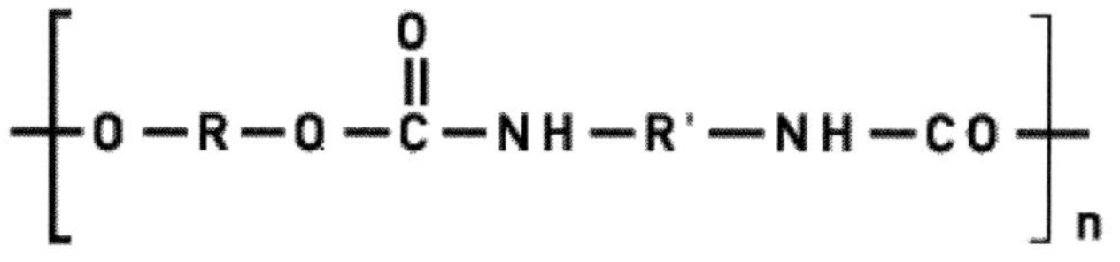

$$\left[\!\!\begin{array}{c} O \\ \parallel \\ O-R-O-C-NH-R'-NH-CO \end{array}\!\!\right]_n$$

Abbildung 52: Molekülformel von Polyurethan linear (PUR)

Poly(Polypropylenoxid-co-4-methyl-1,3-phenylendiisocyanat). Herstellungsverfahren: Additionspolymerisation als Stufenreaktion. Auch vernetzte Typen möglich.

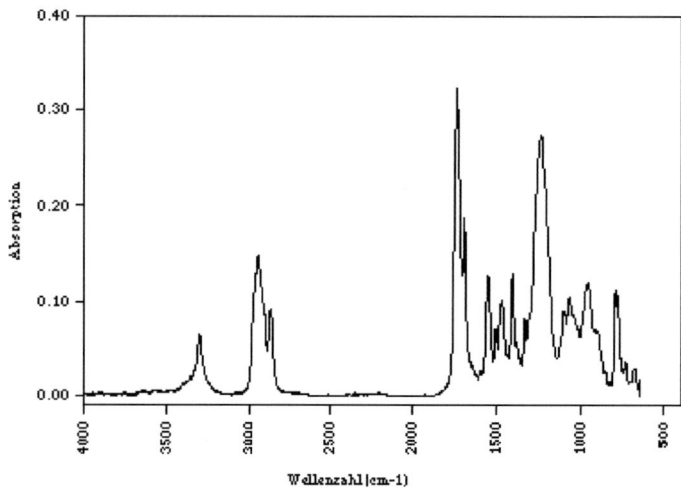

Abbildung 53: Infrarot-Spektroskopie von Polyurethan linear (PUR)

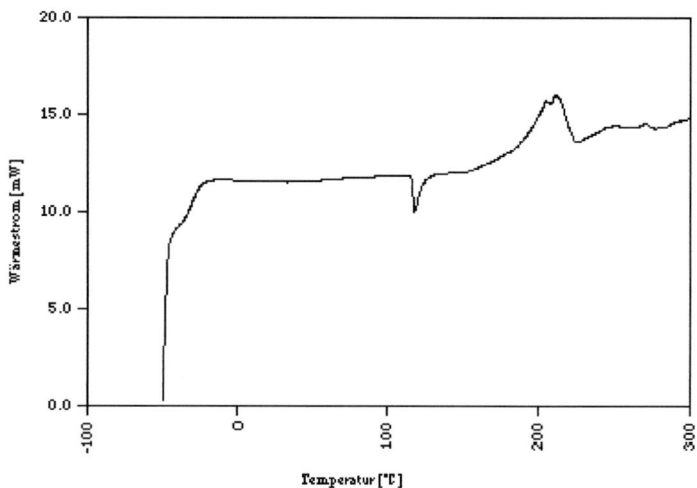

Abbildung 54: Differential-Scanning-Calorimetry von Polyurethan linear (PUR)

7.8 Halogenhaltige Polymere

7.8   Halogenhaltige Polymere

Bezeichnung	Abk.
7.8.1 Polytetrafluorethylen	PTFE

KENNDATEN	
Mechanisch	
Kugeldruckhärte H [N/mm^2]	30 – 40
Dichte [g/cm^3]	2.14 – 2.20
Zugfestigkeit [N/mm^2]	20 – 35
Elastizitätsmodul [N/mm^2]	480 – 630
Streckspannung [N/mm^2]	12 – 30
Streckdehnung [%]	32 – 58
Reissdehnung [%]	50 – 100
Zug-Kriechmodul (1h) [N/mm^2]	420 – 500
Zug-Kriechmodul (1000h) [N/mm^2]	Keine Angaben
Schubmodul [N/mm^2]	100 – 350
Izod-Schlagzähigkeit [kJ/m^2]	Keine Angaben
Gleitreibungskoeffizient (gegen Stahl Härte > 52 HRC, Randtiefe 2x10^{-6}m, ohne Schmierung)	0.05 – 0.25
Thermisch	
Gebrauchstemperaturbereich [°C]	210 – 260
Nebenerweichungstemperatur Tn [°C]	(-120) – (-105)
Kristallitschmelztemperatur Tm [°C]	327 – 330
Schmelzbereich [°C]	Keine Angaben
Erweichungsbereich [°C]	Keine Angaben
Glasübergangstemperatur Tg [°C]	(-150) – (-110)
Fliesstemperatur Tf[°C]	Keine Angaben
Schwindungsverhalten [%]	1.0 – 2.0
Vicat A50 (10N) [°C]	Keine Angaben
Thermischer Längenausdehnungskoeffizient [E-4/K]	0.98 – 1.0
Wärmeleitfähigkeit [W/mxK]	0.24 – 0.26
Formbeständigkeit HDT/A (1.8N/mm2) [°C]	50 – 60
Optisch	
Brechzahl [ ]	1.34 – 1.36
Lichttransmissionsgrad [%]	Keine Angaben
Elektrisch	
Dielektrizitätszahl (50Hz) [ ]	2.0 – 2.2
Elektrische Durchschlagsfestigkeit [kV/mm]	40 - 90

Aufbau, Molekülformel:

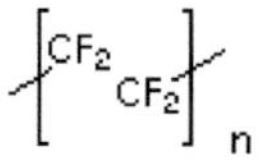

$$\left[\begin{matrix} CF_2 \\ CF_2 \end{matrix} \right]_n$$

Abbildung 55: Molekülformel von Polytetrafluorethylen (PTFE)

Poly(difluormethylen). Teilkristalliner, unpolarer Kunststoff.
Herstellungsverfahren: Additionspolymerisation als Kettenreaktion.

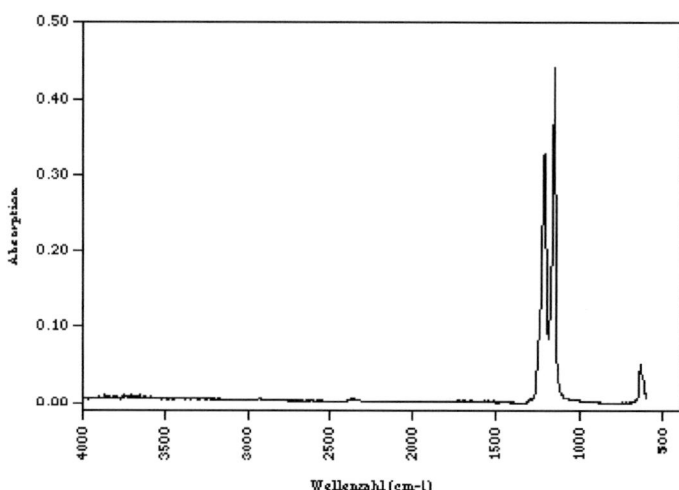

Abbildung 56: Infrarot-Spektroskopie von Polytetrafluorethylen (PTFE)

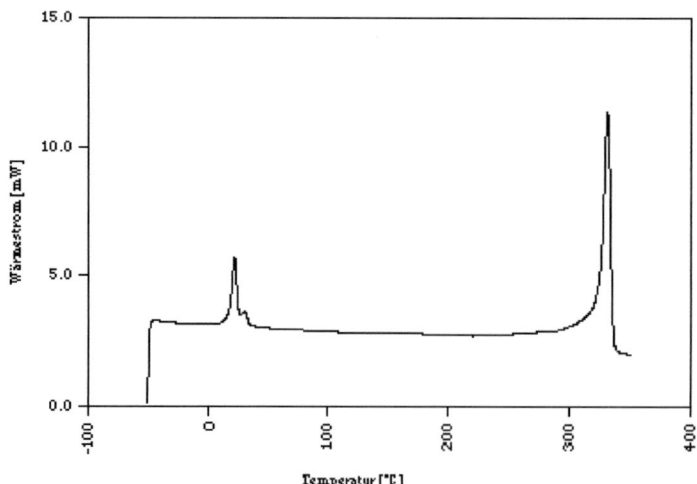

Abbildung 57: Differential-Scanning-Calorimetry von Polytetrafluorethylen (PTFE)

Bezeichnung	Abk.
7.8.2 Polyvinylchlorid weich	PVC-P

KENNDATEN	
Mechanisch	
Kugeldruckhärte H [N/mm^2]	50 – 97 ShoreA
Dichte [g/cm^3]	1.36 – 1.41
Zugfestigkeit [N/mm^2]	8 – 30
Elastizitätsmodul [N/mm^2]	2700 – 3400
Streckspannung [N/mm^2]	8.5 – 25.0
Streckdehnung [%]	3.5 – 6.0
Reissdehnung [%]	6.5 – 25.0
Zug-Kriechmodul (1h) [N/mm^2]	Keine Angaben
Zug-Kriechmodul (1000h) [N/mm^2]	Keine Angaben
Schubmodul [N/mm^2]	65 – 75
Izod-Schlagzähigkeit [kJ/m^2]	Kein Bruch
Gleitreibungskoeffizient (gegen Stahl Härte > 52 HRC, Randtiefe 2x10^{-6}m, ohne Schmierung)	Keine Angaben
Thermisch	
Gebrauchstemperaturbereich [°C]	50 – 60
Nebenerweichungstemperatur Tn [°C]	(-15) – (-5)
Kristallitschmelztemperatur Tm [°C]	Keine Angaben
Schmelzbereich [°C]	Keine Angaben
Erweichungsbereich [°C]	Keine Angaben
Glasübergangstemperatur Tg [°C]	(-40) – (+20)
Fliesstemperatur Tf[°C]	170 – 180
Schwindungsverhalten [%]	1.0 – 3.0
Vicat A50 (10N) [°C]	Keine Angaben
Thermischer Längenausdehnungskoeffizient [E-4/K]	0.2 – 0.8
Wärmeleitfähigkeit [W/mxK]	0.12 – 0.15
Formbeständigkeit HDT/A (1.8N/mm2) [°C]	56 – 72
Optisch	
Brechzahl [ ]	1.54 – 1.56
Lichttransmissionsgrad [%]	Keine Angaben
Elektrisch	
Dielektrizitätszahl (50Hz) [ ]	4.0 – 8.0
Elektrische Durchschlagsfestigkeit [kV/mm]	100 - 140

Aufbau, Molekülformel:

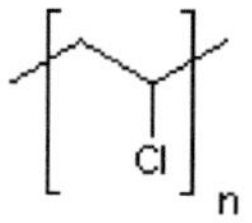

Abbildung 58: Molekülformel von Polyvinylchlorid weich (PVC-P)

Poly(1-chlorethylen). Amorpher, polarer Thermoplast.
Herstellungsverfahren: Additionsreaktion als Kettenreaktion.

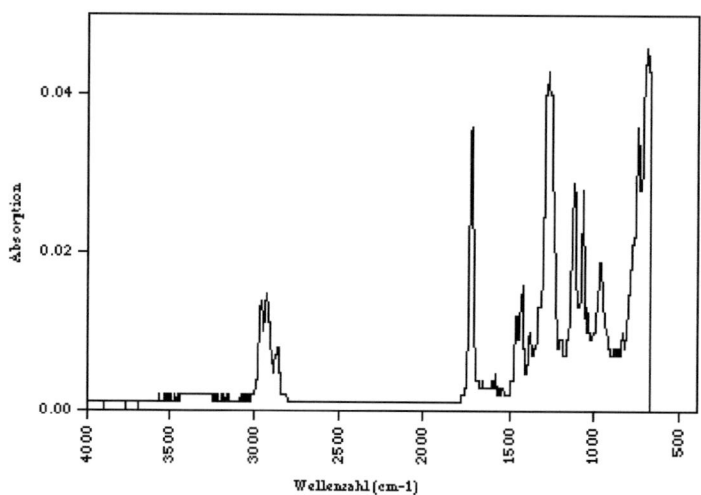

Abbildung 59: Infrarot-Spektroskopie von Polyvinylchlorid weich (PVC-P)

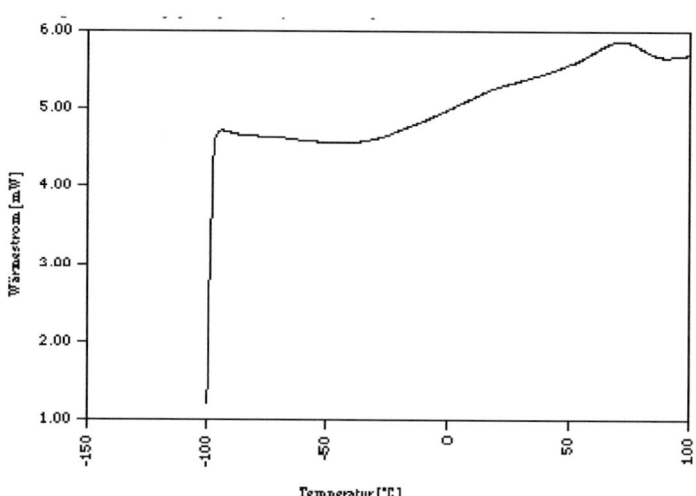

Abbildung 60: Differential-Scanning-Calorimetry von Polyvinylchlorid weich (PVC-P)

Bezeichnung	Abk.
7.8.3 Polyvinylchlorid hart	PVC-U

KENNDATEN	
Mechanisch	
Kugeldruckhärte H [N/mm^2]	70 - 130
Dichte [g/cm3]	1.22 – 1.52
Zugfestigkeit [N/mm^2]	40 - 54
Elastizitätsmodul [N/mm^2]	2400 - 3450
Streckspannung [N/mm^2]	14 - 22
Streckdehnung [%]	3 - 15
Reissdehnung [%]	10 - 60
Zug-Kriechmodul (1h) [N/mm^2]	2200 - 3000
Zug-Kriechmodul (1000h) [N/mm^2]	1600 - 2300
Schubmodul [N/mm^2]	1000 - 1500
Izod-Schlagzähigkeit [kJ/m^2]	20 (kein Bruch)
Gleitreibungskoeffizient (gegen Stahl Härte > 52 HRC, Randtiefe 2x10^{-6}m, ohne Schmierung)	Keine Angaben
Thermisch	
Gebrauchstemperaturbereich [°C]	60 - 90
Nebenerweichungstemperatur Tn [°C]	(-15) – (-5)
Kristallitschmelztemperatur Tm [°C]	Keine Angaben
Schmelzbereich [°C]	Keine Angaben
Erweichungsbereich [°C]	Keine Angaben
Glasübergangstemperatur Tg [°C]	81 - 99
Fliesstemperatur Tf[°C]	170 - 180
Schwindungsverhalten [%]	0.5 – 1.0
Vicat A50 (10N) [°C]	Keine Angaben
Thermischer Längenausdehnungskoeffizient [E-4/K]	0.6 – 0.8
Wärmeleitfähigkeit [W/mxK]	0.14 – 0.16
Formbeständigkeit HDT/A (1.8N/mm2) [°C]	60 - 74
Optisch	
Brechzahl [ ]	1.52 – 1.55
Lichttransmissionsgrad [%]	Keine Angaben
Elektrisch	
Dielektrizitätszahl (50Hz) [ ]	3.4 – 3.6
Elektrische Durchschlagsfestigkeit [kV/mm]	49 - 120

Aufbau, Molekülformel:

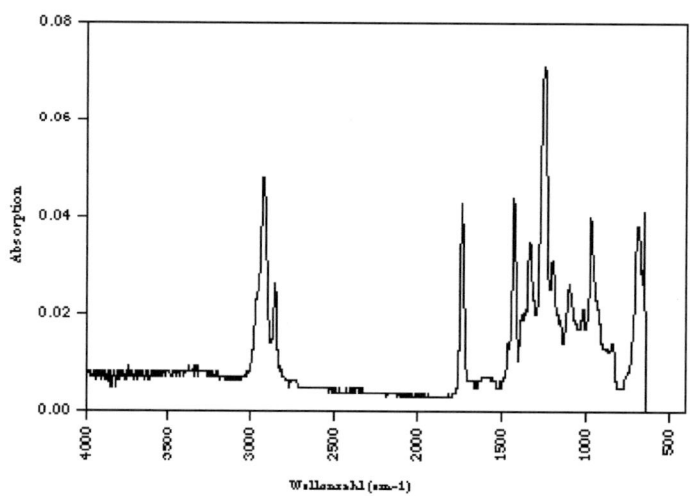

Abbildung 61: Molekülformel von Polyvinylchlorid hart (PVC-U)

Poly(1-chlorethylen). Amorpher, polarer Thermoplast.
 Herstellungsverfahren: Additionsreaktion als Kettenreaktion

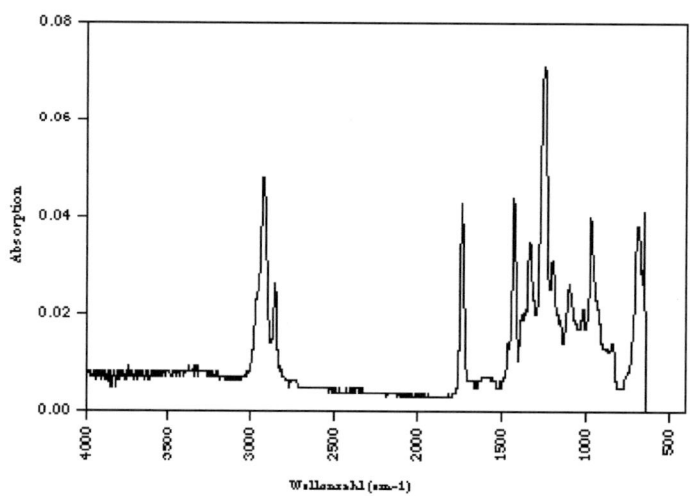

Abbildung 62: Infrarot-Spektroskopie von Polyvinylchlorid hart (PVC-U)

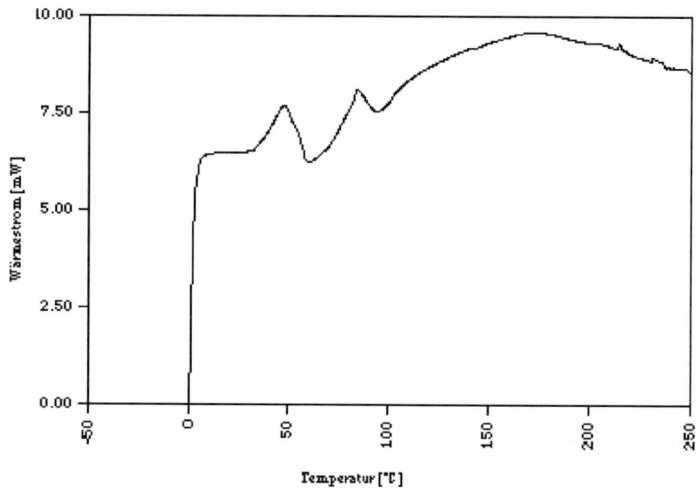

Abbildung 63: Differential-Scanning-Calorimetry von Polyvinylchlorid hart (PVC-U)

7.9   Hochtemperaturfeste Kunststoffe

Bezeichnung	Abk.
7.9.1 Polyphenylenoxid modifiziert	PPE-M

KENNDATEN	
Mechanisch	
Kugeldruckhärte H [N/mm^2]	85 - 100
Dichte [g/cm3]	1 – 1.14
Zugfestigkeit [N/mm^2]	40 - 67
Elastizitätsmodul [N/mm^2]	1750 - 3100
Streckspannung [N/mm^2]	35 - 66
Streckdehnung [%]	4 - 8
Reissdehnung [%]	4 - 60
Zug-Kriechmodul (1h) [N/mm^2]	1750 - 3100
Zug-Kriechmodul (1000h) [N/mm^2]	1500 - 2900
Schubmodul [N/mm^2]	900 - 1100
Izod-Schlagzähigkeit [kJ/m^2]	Kein Bruch
Gleitreibungskoeffizient (gegen Stahl Härte > 52 HRC, Randtiefe 2x10^{-6}m, ohne Schmierung)	0.34 – 0.36
Thermisch	
Gebrauchstemperaturbereich [°C]	90 - 120
Nebenerweichungstemperatur Tn [°C]	(-105) – (-95)
Kristallitschmelztemperatur Tm [°C]	Keine Angaben
Schmelzbereich [°C]	Keine Angaben
Erweichungsbereich [°C]	Keine Angaben
Glasübergangstemperatur Tg [°C]	170 - 180
Fliesstemperatur Tf[°C]	290 - 310
Schwindungsverhalten [%]	0.5 – 0.7
Vicat A50 (10N) [°C]	105 - 133
Thermischer Längenausdehnungskoeffizient [E-4/K]	0.60 – 0.75
Wärmeleitfähigkeit [W/mxK]	0.17 – 0.22
Formbeständigkeit HDT/A (1.8N/mm2) [°C]	76 - 130
Optisch	
Brechzahl [ ]	Keine Angaben
Lichttransmissionsgrad [%]	Keine Angaben
Elektrisch	
Dielektrizitätszahl (50Hz) [ ]	2.4 – 2.6
Elektrische Durchschlagsfestigkeit [kV/mm]	8.5 – 25.0

Aufbau, Molekülformel:

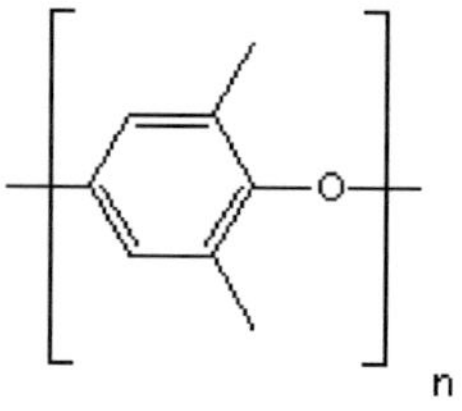

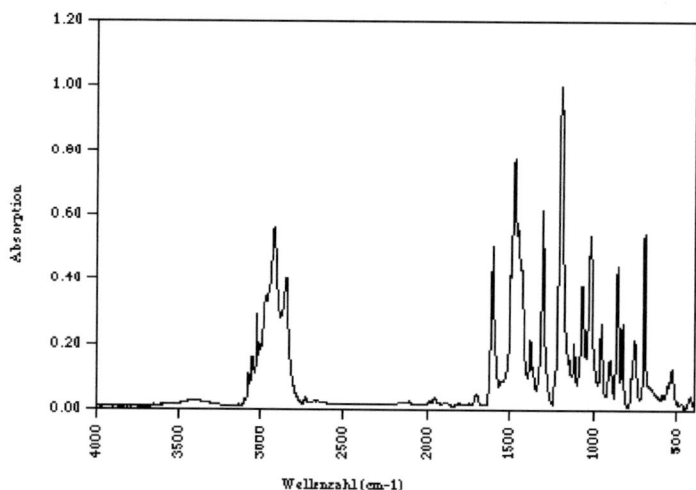

Abbildung 64: Molekülformel von Polyphenylenoxid modifiziert (PPE-M)

Poly(oxy-2,6-dimethyl-1,4-phenylen). Amorpher Thermoplast. Herstellungsverfahren: Durch oxidative Kupplung wird aus 2,6-Dimethylphenol zunächst das PPE hergestellt. Anschliessend wird z.B. das Styrol aufgepropft.

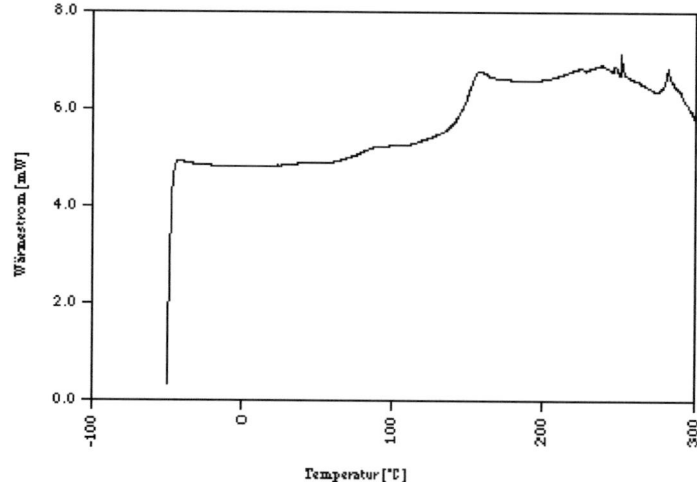

Abbildung 65: Infrarot-Spektroskopie von Polyphenylenoxid modifiziert (PPE-M)

Abbildung 66: Differential-Scanning-Calorimetry von Polyphenylenoxid modifiziert (PPE-M)

Bezeichnung	Abk.
7.9.2 Polysulfon	PSU

KENNDATEN	
Mechanisch	
Kugeldruckhärte H [N/mm^2]	138 - 142
Dichte [g/cm3]	1.13 – 1.66
Zugfestigkeit [N/mm^2]	50 - 124
Elastizitätsmodul [N/mm^2]	2120 - 2760
Streckspannung [N/mm^2]	65 - 80
Streckdehnung [%]	5.0 – 5.7
Reissdehnung [%]	50 - 70
Zug-Kriechmodul (1h) [N/mm^2]	2000 - 2500
Zug-Kriechmodul (1000h) [N/mm^2]	1900 - 2500
Schubmodul [N/mm^2]	850 - 950
Izod-Schlagzähigkeit [kJ/m^2]	Kein Bruch
Gleitreibungskoeffizient (gegen Stahl Härte > 52 HRC, Randtiefe 2x10^{-6}m, ohne Schmierung)	Keine Angaben
Thermisch	
Gebrauchstemperaturbereich [°C]	150 - 170
Nebenerweichungstemperatur Tn [°C]	(-150) – (-95)
Kristallitschmelztemperatur Tm [°C]	Keine Angaben
Schmelzbereich [°C]	Keine Angaben
Erweichungsbereich [°C]	Keine Angaben
Glasübergangstemperatur Tg [°C]	175 – 190
Fliesstemperatur Tf[°C]	310 – 320
Schwindungsverhalten [%]	0.7 – 0.8
Vicat A50 (10N) [°C]	
Thermischer Längenausdehnungskoeffizient [E-4/K]	0.24 – 0.65
Wärmeleitfähigkeit [W/mxK]	0.26 – 0.28
Formbeständigkeit HDT/A (1.8N/mm2) [°C]	149 – 174
Optisch	
Brechzahl [ ]	1.62 – 1.64
Lichttransmissionsgrad [%]	Keine Angaben
Elektrisch	
Dielektrizitätszahl (50Hz) [ ]	3.1 – 3.3
Elektrische Durchschlagsfestigkeit [kV/mm]	15.0 – 20.0

Aufbau, Molekülformel:

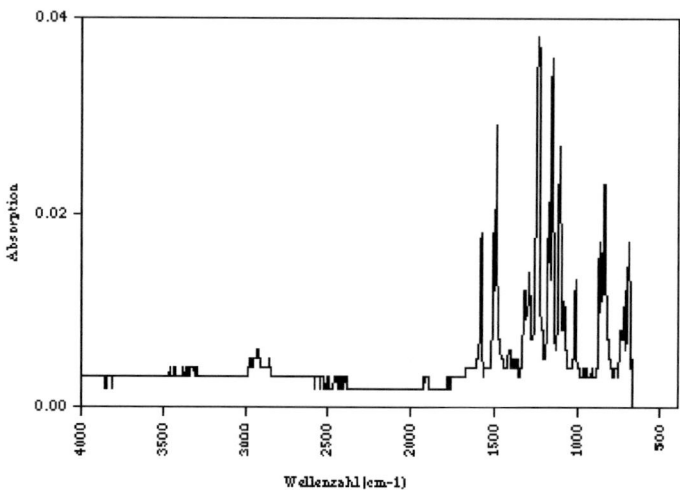

Abbildung 67: Molekülformel von Polysulfon (PSU)

Poly(oxy-1,4-phenylensulfonyl-1,4-phenylenoxy-1,4-phenylenisopropyliden-1,4-phenylen). Amorpher, polarer Thermoplast.
Herstellungsverfahren: Kondensationspolymerisation

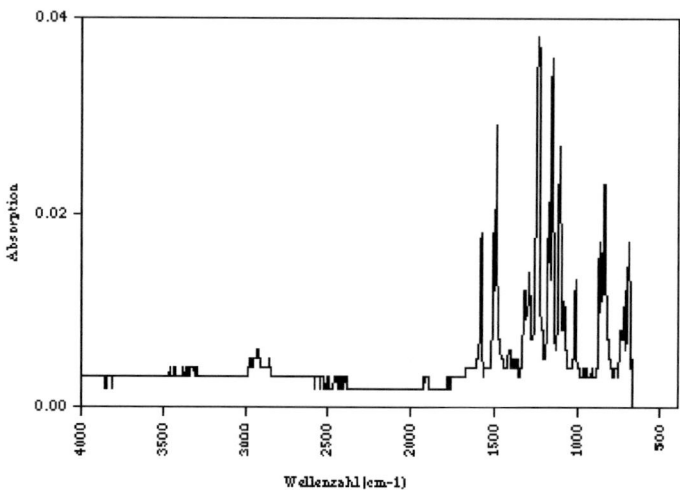

Abbildung 68: Infrarot-Spektroskopie von Polysulfon (PSU)

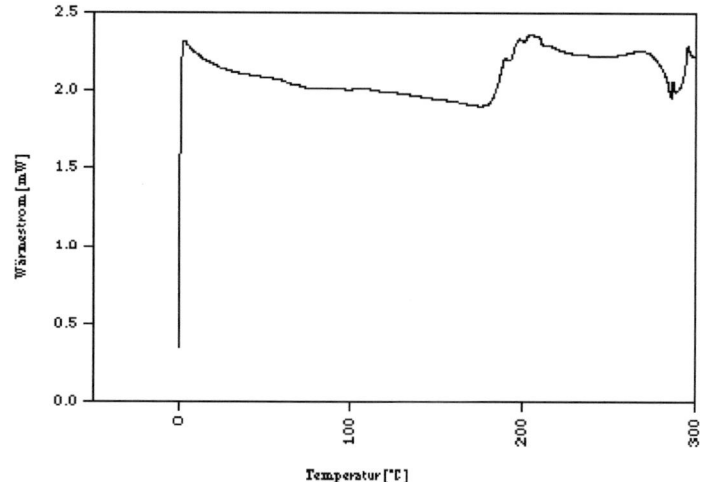

Abbildung 69: Differential-Scanning-Calorimetry von Polysulfon (PSU)

7.10 Polysiloxane

Bezeichnung	Abk.
7.10.1 Polysiloxan (vorwiegend Siloxan-Elastomer)	SI

KENNDATEN	
Mechanisch	
Kugeldruckhärte H [N/mm^2]	Keine Angaben
Dichte [g/cm3]	1.23 – 1.28
Zugfestigkeit [N/mm^2]	28 - 46
Elastizitätsmodul [N/mm^2]	6000 - 12000
Streckspannung [N/mm^2]	Keine Angaben
Streckdehnung [%]	Keine Angaben
Reissdehnung [%]	Keine Angaben
Zug-Kriechmodul (1h) [N/mm^2]	Keine Angaben
Zug-Kriechmodul (1000h) [N/mm^2]	Keine Angaben
Schubmodul [N/mm^2]	Keine Angaben
Izod-Schlagzähigkeit [kJ/m^2]	Keine Angaben
Gleitreibungskoeffizient (gegen Stahl Härte > 52 HRC, Randtiefe 2x10^{-6}m, ohne Schmierung)	Keine Angaben
Thermisch	
Gebrauchstemperaturbereich [°C]	Keine Angaben
Nebenerweichungstemperatur Tn [°C]	Keine Angaben
Kristallitschmelztemperatur Tm [°C]	Keine Angaben
Schmelzbereich [°C]	Keine Angaben
Erweichungsbereich [°C]	Keine Angaben
Glasübergangstemperatur Tg [°C]	Keine Angaben
Fliesstemperatur Tf[°C]	Keine Angaben
Schwindungsverhalten [%]	Keine Angaben
Vicat A50 (10N) [°C]	Keine Angaben
Thermischer Längenausdehnungskoeffizient [E-4/K]	Keine Angaben
Wärmeleitfähigkeit [W/mxK]	Keine Angaben
Formbeständigkeit HDT/A (1.8N/mm2) [°C]	Keine Angaben
Optisch	
Brechzahl [ ]	Keine Angaben
Lichttransmissionsgrad [%]	Keine Angaben
Elektrisch	
Dielektrizitätszahl (50Hz) [ ]	Keine Angaben
Elektrische Durchschlagsfestigkeit [kV/mm]	Keine Angaben

Aufbau, Molekülformel:

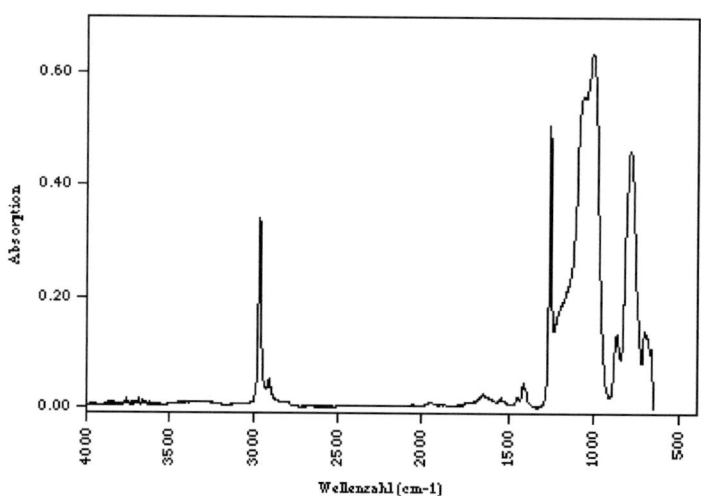

Abbildung 70: Molekülformel von Polysiloxan (SI)

Poly(oxydimethylsilandiyl). Herstellungsverfahren: Die Makromolekülketten der Polysiloxane werden durch die fortlaufende Verknüpfung von Silicium- und Sauerstoffatomen gebildet.

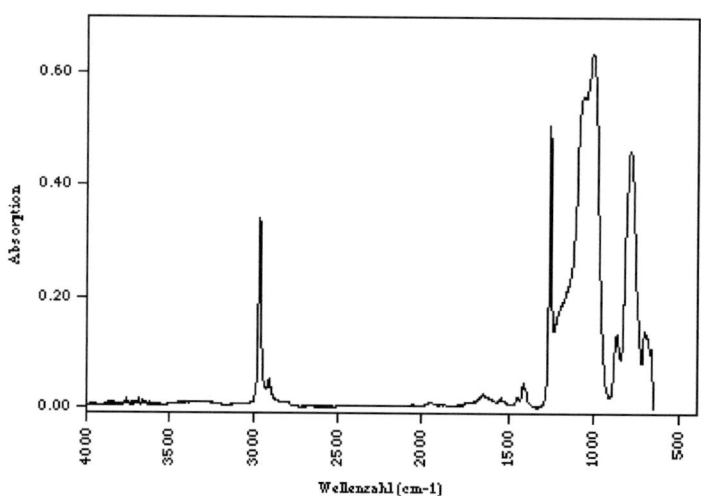

Abbildung 71: Infrarot-Spektroskopie von Polysiloxan (SI)

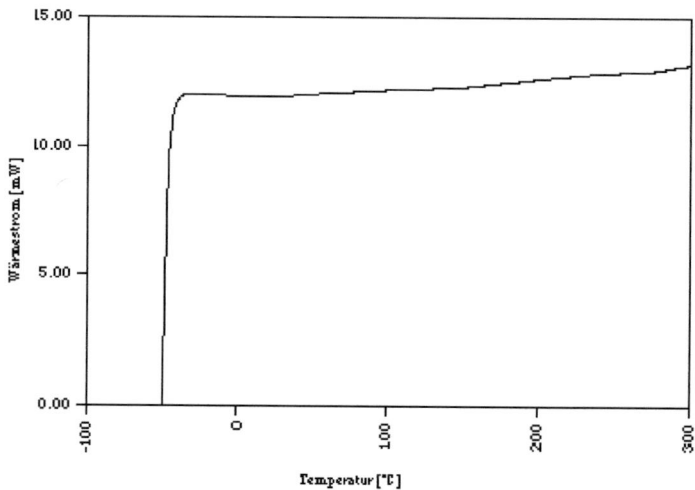

Abbildung 72: Differential-Scanning-Calorimetry von Polysiloxan (SI)

7.11   Abgewandelte Naturstoffe (Grundlage Cellulose)

Bezeichnung	Abk.
7.11.1 Celluloseacetat	CA

KENNDATEN	
Mechanisch	
Kugeldruckhärte H [N/mm^2]	30 - 90
Dichte [g/cm3]	1.15 – 1.23
Zugfestigkeit [N/mm^2]	18 - 47
Elastizitätsmodul [N/mm^2]	800 - 2300
Streckspannung [N/mm^2]	10 - 42
Streckdehnung [%]	3.5 – 4.9
Reissdehnung [%]	40 - 50
Zug-Kriechmodul (1h) [N/mm^2]	Keine Angaben
Zug-Kriechmodul (1000h) [N/mm^2]	Keine Angaben
Schubmodul [N/mm^2]	600 - 820
Izod-Schlagzähigkeit [kJ/m^2]	Kein Bruch
Gleitreibungskoeffizient (gegen Stahl Härte > 52 HRC, Randtiefe 2x10^{-6}m, ohne Schmierung)	Keine Angaben
Thermisch	
Gebrauchstemperaturbereich [°C]	70 - 110
Nebenerweichungstemperatur Tn [°C]	Keine Angaben
Kristallitschmelztemperatur Tm [°C]	Keine Angaben
Schmelzbereich [°C]	125 - 175
Erweichungsbereich [°C]	Keine Angaben
Glasübergangstemperatur Tg [°C]	Keine Angaben
Fliesstemperatur Tf[°C]	Keine Angaben
Schwindungsverhalten [%]	Keine Angaben
Vicat A50 (10N) [°C]	Keine Angaben
Thermischer Längenausdehnungskoeffizient [E-4/K]	1.19 – 1.21
Wärmeleitfähigkeit [W/mxK]	Keine Angaben
Formbeständigkeit HDT/A (1.8N/mm2) [°C]	45 - 91
Optisch	
Brechzahl [ ]	1.47 – 1.48
Lichttransmissionsgrad [%]	Keine Angaben
Elektrisch	
Dielektrizitätszahl (50Hz) [ ]	Keine Angaben
Elektrische Durchschlagsfestigkeit [kV/mm]	Keine Angaben

Aufbau, Molekülformel:

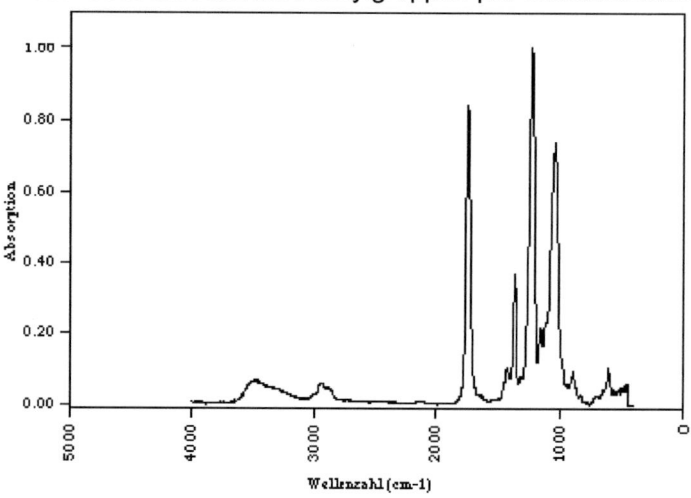

Abbildung 73: Molekülformel von Celluloseacetat (CA)

Herstellungsverfahren: Cellulosetriacetat wird einer partiellen Verseifung durch Behandlung mit Salzsäure unterworfen, wobei ein Teil der OH-Gruppen zurückgebildet wird. Das Produkt enthält etwa 2.5 Acetylgruppen pro Glucosebaustein.

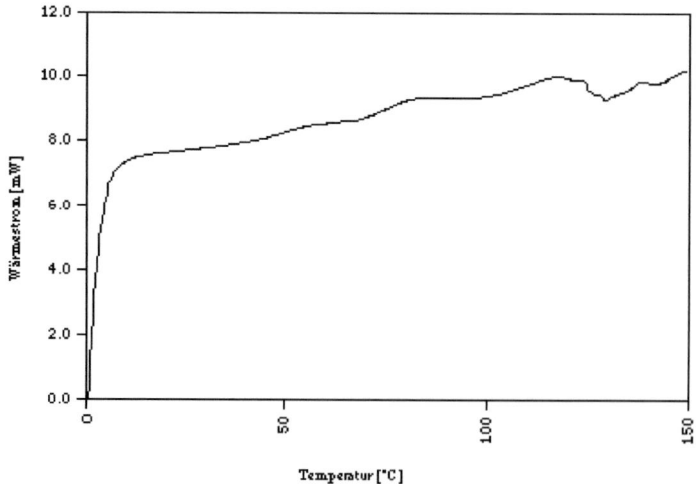

Abbildung 74: Infrarot-Spektroskopie von Celluloseacetat (CA)

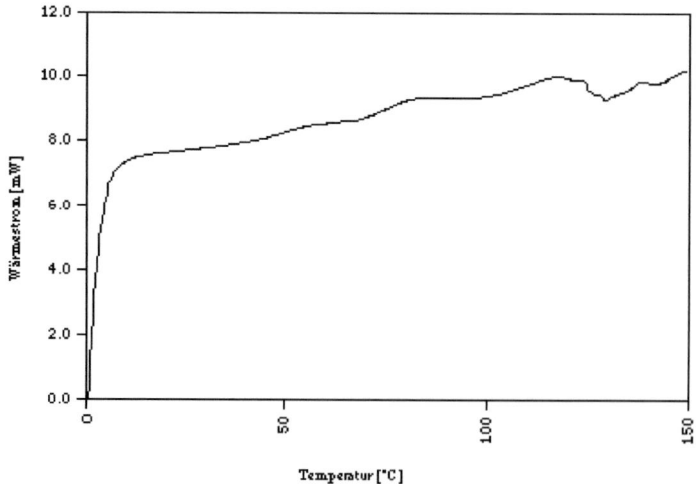

Abbildung 75: Differential-Scanning-Calorimetry von Celluloseacetat (CA)

Bezeichnung	Abk.
7.11.2 Cellulose-Acetobutyrat	CAB

KENNDATEN	
Mechanisch	
Kugeldruckhärte H [N/mm^2]	30-90
Dichte [g/cm3]	1.15 – 1.23
Zugfestigkeit [N/mm^2]	18 – 47
Elastizitätsmodul [N/mm^2]	800 – 2300
Streckspannung [N/mm^2]	10 – 42
Streckdehnung [%]	3.5 - 4.9
Reissdehnung [%]	40 – 50
Zug-Kriechmodul (1h) [N/mm^2]	Keine Angaben
Zug-Kriechmodul (1000h) [N/mm^2]	Keine Angaben
Schubmodul [N/mm^2]	600 – 820
Izod-Schlagzähigkeit [kJ/m^2]	Kein Bruch
Gleitreibungskoeffizient (gegen Stahl Härte > 52 HRC, Randtiefe 2x10^{-6}m, ohne Schmierung)	Keine Angaben
Thermisch	Keine Angaben
Gebrauchstemperaturbereich [°C]	70 – 110
Nebenerweichungstemperatur Tn [°C]	Keine Angaben
Kristallitschmelztemperatur Tm [°C]	Keine Angaben
Schmelzbereich [°C]	125 - 175
Erweichungsbereich [°C]	Keine Angaben
GlasübergangstemperaturTg [°C]	Keine Angaben
FliesstemperaturTf[°C]	Keine Angaben
Schwindungsverhalten [%]	Keine Angaben
Vicat A50 (10N) [°C]	Keine Angaben
Thermischcr Längenausdehnungskoeffizient [E-4/K]	1.19 - 1.21
Wärmeleitfähigkeit [W/mxK]	Keine Angaben
Formbeständigkeit HDT/A (1.8N/mm2) [°C]	45 - 91
Optisch	
Brechzahl [ ]	1.47 – 1.48
Lichttransmissionsgrad [%]	Keine Angaben
Elektrisch	
Dielektrizitätszahl (50Hz) [ ]	Keine Angaben
Elektrische Durchschlagsfestigkeit [kV/mm]	Keine Angaben

Aufbau, Molekülformel:

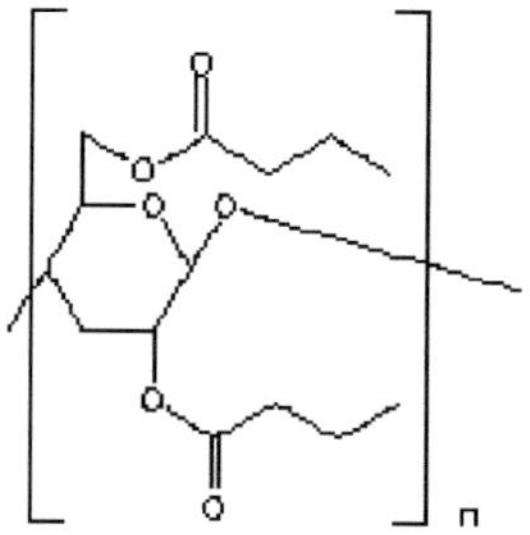

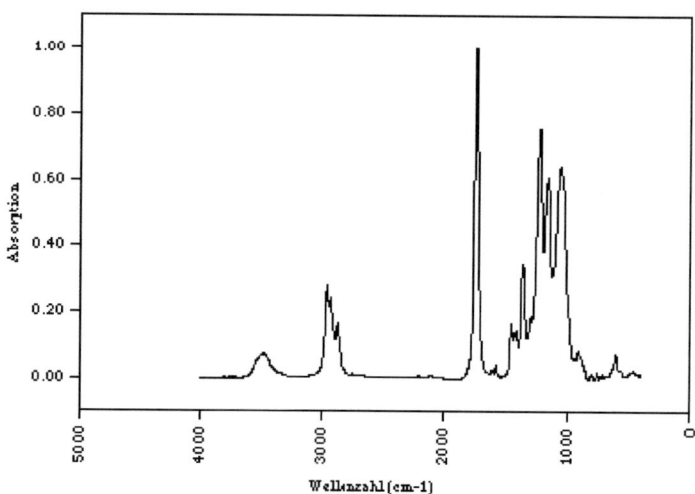

Abbildung 76: Molekülformel von Celluloseacetobutyrat (CAB)

Herstellungsverfahren: Veresterung mit einem Gemisch der Anhydride von Essigsäure und Buttersäure.

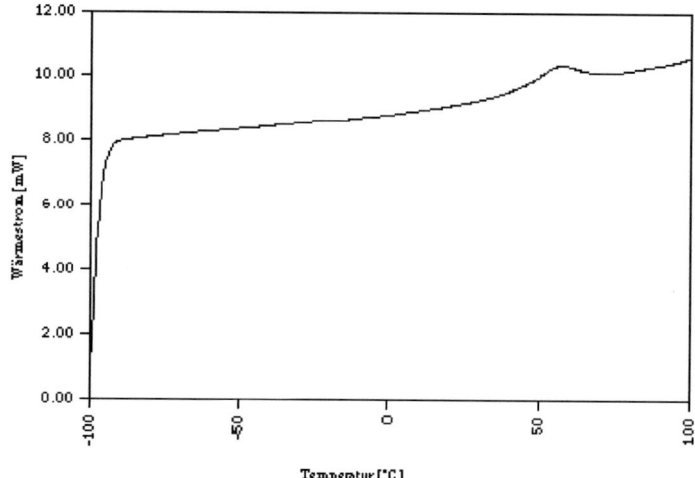

Abbildung 77: Infrarot-Spektroskopie von Celluloseacetobutyrat (CAB)

Abbildung 78: Differential-Scanning-Calorimetry von Celluloseacetobutyrat (CAB)

8. Kunststoffabkürzungen und Molekülformeln

Kunststoff / Gefüge	Abk.	Molekülformel ohne Zusätze
8.1 Polymere mit reiner Kohlenstoffkette (Polyolefine)		
Polyethylen Teilkristallin, unpolar.	PE	
Polyethylen + Flammschutzmittel Teilkristallin, unpolar.	PE+F	
Poly-4-methyl-1-penten. Teilkristallin, weitgehend isotaktisch.	PMP	
Polypropylen Teilkristallin, unpolar, isotaktischer Aufbau.	PP	
Polypropylen + Flammschutzmittel Teilkristallin, unpolar, isotaktischer Aufbau.	PP+F	
8.2 Polymere mit Heteroatomen in der Hauptkette		
Polyamid Teilkristallin, polar.	PA	
Polyamid + Flammschutzmittel Teilkristallin, polar.	PA + F	

8.3 Polystyrol mit seinen Modifikationen		
Polystyrol Amorph, polar.	PS	
Acrylnitril/Butadien/Styrol-Copolymer Amorph.	ABS	
Acrylnitril/Butadien-Styrol + Flammschutzmittel Amorph.	ABS+F	
Styrol/Acrylnitril Copolymer Amorph.	SAN	
Schlagfestes Polystyrol Amorph.	SB	

Schlagfestes Polystyrol + Treibmittel Amorph.	SB+T	
Schlagfestes Polystyrol + Flammschutzmittel Amorph.	SB+F	
8.4 Lineare Polyester		
Polyester thermoplastisch Teilkristallin, polar.	PETP/ PBTP	
Polycarbonat Amorph, polar.	PC	
8.5 Acrylpolymerisate		
Polymethylmethacrylat Amorph, polar.	PMMA	
8.6 Polyacetale		
Polyoxymethylen (Polyacetal,Polyformaldehyd) Fast unpolar, hochkristallin.	POM	

8.7 Polycarbamate		
Polyurethan linear gummielastisch Teilkristallin, polar.	PUR	
8.8 Halogenhaltige Polymere		
Polytetrafluorethylen Teilkristallin, unpolar.	PTFE	
Polyvinylchlorid weich Amorph, polar.	PVC-P	
Polyvinylchlorid hart Amorph, polar.	PVC-U	
8.9 Hochtemperaturfeste Kunststoffe		
Polyphenylenoxid modifiziert. Amorph.	PPE-M	
Polysulfon Amorph, polar.	PSU	
8.10 Polysiloxane		
Polysiloxan vorwiegend Silikonkautschuk	SI	
8.11 Abgewandelte Naturprodukte (Grundlage Cellulose)		

Celluloseacetat	CA	
Cellulose-Acetobutyrat	CAB	

9. Literaturverzeichnis

Sächtling: Kunststoff-Taschenbuch, 28. Ausgabe 2001.
 C. Hanser Verlag. München, Wien.
Braun: Erkennen von Kunststoffen, 4. Auflage 2003
 C. Hanser Verlag. München, Wien.
G. W. Ehrenstein: Kunststoff-Schadensanalyse, 1992.
 C. Hanser Verlag. München, Wien.
Hellerich/Harsch/Haenle. Werkstoff-Führer Kunststoffe. 8. Auflage 2001,
 Carl Hanser Verlag München Wien.
Hans Domininghaus. Die Kunststoffe und ihre Eigenschaften. 5. Auflage 1999
 Springer Verlag, Heidelberg.
Krause., A. Lange. Kunststoff-Bestimmungsmöglichkeiten. 3. Auflage. C. Hanser Verlag,
 München, Wien 1979.
Hummel, H. D., F. Scholl. Atlas der Kunststoff-Analyse, 3 Bände. Band 1: Polymere,
 Struktur und Spektrum. 1978. Band 2: Kunststoffe, Fasern, Kautschuk, Harze, Spektren
 und Methoden zur Identifizierung. 1983. Band 3: Zusatzstoffe und
 Verarbeitungshilfsmittel, Spektren und Methoden zur Identifizierung. 1981. C. Hanser
 Verlag, München, Wien. VCH Weinheim.
Schröder, E., J. Franz, e. Hagen. Ausgewählte Methoden der Plastanalytik. Akademie –
 Verlag, Berlin 1976.
Krebs/Avondet/Leu. Langzeitverhalten von Kunststoffen. 1999. C. Hanser Verlag,
 München, Wien.
Arndt/Müller. Polymer Charakterisierung. 1996. C. Hanser Verlag, München, Wien.
Adolf Franck. Kunststoff-Kompendium. 4., neu bearbeitete und erweiterte Auflage.
 1996. Vogel-Verlag, Würzburg.
Otto Schwarz. Kunststoffkunde. 7. Auflage 2002. Vogel-Verlag, Würzburg.
Gnauck/Fründt. Leichtverständliche Einführung in die Kunststoffchemie.
 2. Auflage 1979, Carl Hanser Verlag München Wien.
Prüfvorschriften zu den Kenndaten ab Kap. 7. Mechanisch: DIN ISO 2039
 (Kugeldruckhärte H); DIN 53479 (Dichte); DIN 53 455 (Zugfestigkeit, Streckspannung,
 -dehnung, Reissdehnung); DIN 53 457 (Elastizitätsmodul); DIN EN ISO 291 (Zug-

Kriechmodul); DIN 53 440 (Schubmodul); ASTM D 256 (Izod-Schlagzähigkeit); DIN 52 348 (Gleitreibungskoeffizient). Thermisch: DIN 51 004 – 7 und DIN ISO 3146 (Gebrauchstemperaturbereich, Nebenerweichungstemperatur, Kristallitschmelztemperatur, Schmelzbereich, Erweichungsbereich, Glasübergangstemperatur, Fliesstemperatur); DIN 196 901 (Schwindungsverhalten); DIN ISO 306 (Vicat A50); DIN 53 752 (Thermischer Längenausdehnungskoeffizient); DIN 52 612 (Wärmeleitfähigkeit); DIN EN ISO 75 (Formbeständigkeit HDT/A). Optisch: DIN 53 491 (Brechzahl); DIN 5036 (Lichttransmissionsgrad). Elektrisch: DIN ISO 10350 (Dielektrizitätszahl); DIN ISO 10350 (Elektrische Durchschlagsfestigkeit).

10. Stichwortverzeichnis

R

S

11. Abbildungsverzeichnis

12. Analysenmatrix

UNTERSCHEIDUNGSKRITERIEN — Materialspalten: PMP | PE | PP | SB+T | ABS+T | PE+F | PP+F | CAB | PA | POM | PMMA | PUR-V | PUR-L | PET/PBT | CA | PS | SB | SAN | ABS | PVC-P | PSU | PC | PPE | SB+F | ABS+F | PVC-U | PA+F | PTFE | Si

1. ALLGEMEINE UNTERSCHEIDUNG

1.1 Verhalten im Wasser
- **schwimmt:** PMP, PE, PP, SB+T, ABS+T, PE+F, PP+F, PTFE, Si
- **sinkt:** CAB, PA, POM, PMMA, PUR-V, PUR-L, PET/PBT, CA, PS, SB, SAN, ABS, PVC-P, PSU, PC, PPE, SB+F, ABS+F, PVC-U, PA+F, PTFE, Si

2. CHEMISCHE UNTERSCHEIDUNG

2.1 Brandverhalten ausserhalb der Flamme
- **brennt russend:** SB+T, ABS+T, PET/PBT, CA, PS, SB, SAN, ABS
- **brennt nicht russend:** PMP, PE, PP
- **brennt unter Koksbildung weiter, erlischt:** PVC-P, PSU, PC, PPE, PA+F, PTFE
- **erlischt:** PE+F, PP+F

2.2 Brennbarkeit
- **kaum anzündbar:** PE+F, PP+F, SB+F, ABS+F, PA+F, PTFE, Si
- **brennt in der Flamme, erlischt ausserhalb:** PVC-P, PC, PVC-U
- **brennt nach Anzünden weiter:** CAB, PA, POM, PMMA, PUR-V, PUR-L, PET/PBT, CA, PS, SB, SAN, ABS, PSU, PPE
- **brennt heftig, verpufft:** PMP, PE, PP, SB+T, ABS+T

2.3 pH-Bestimmung
- **sauer:** PVC-P, PSU, PC, SB+F, ABS+F, PVC-U, PA+F, PTFE, Si
- **neutral:** PMP, PE, PP, SB+T, ABS+T, PE+F, PP+F, CAB, POM, PMMA, PUR-V, PUR-L, PET/PBT, CA, PS, SB, ABS
- **basisch:** PA, SAN, PPE

2.4 Beilsteinprobe
- **positiv:** PE+F, PP+F, PVC-P, PSU, PC, PPE, SB+F, ABS+F, PVC-U, PA+F, PTFE, Si
- **negativ:** PMP, PE, PP, SB+T, ABS+T, CAB, PA, POM, PMMA, PUR-V, PUR-L, PET/PBT, CA, PS, SB, SAN, ABS

3. MECHANISCHE UNTERSCHEIDUNG

3.1 Bruchprobe
- **Sprödbruch:** PMP, PMMA, PUR-V, PS, SAN, PSU, PC
- **Weissbruch:** PE, PP, SB+T, ABS+T, PE+F, PP+F, CAB, PA, POM, PUR-L, PET/PBT, CA, SB, ABS, PVC-P, PPE, SB+F, ABS+F, PVC-U, PA+F, PTFE, Si

3.2 Fingernagelprobe: Kratzspuren, Eindruckstellen sichtbar
- **Ja. Sichtbar:** PE, PE+F
- **Nein. Nicht sichtbar.:** PMP, PE, PP, SB+T, ABS+T, PP+F, CAB, PA, POM, PMMA, PUR-V, PUR-L, PET/PBT, CA, PS, SB, SAN, ABS, PVC-P, PSU, PC, PPE, SB+F, ABS+F, PVC-U, PA+F, PTFE, Si

4. LÖSLICHKEITS - UNTERSCHEIDUNG

4.1 Lösungsmittel A klebt (Giftklasse 5)
- **ja:** CAB, PA, POM, PMMA, PS, SB, SAN, ABS, PC, PPE, SB+F, ABS+F
- **nein:** PMP, PE, PP, PE+F, PP+F, PUR-V, PET/PBT, PVC-P, PSU, PVC-U, PA+F, PTFE, Si
- **Oberfläche wird angegriffen, matt:** PUR-V, CA

4.2 Lösungsmittel B (Giftklasse 4)
- **Wird angegriffen, matt:** PMP, SB+T
- **Ja. Wird angegriffen, matt:** PE, PP, SB+T, ABS+T, PE+F, PP+F, CAB, PA, POM, PMMA, PUR-V, PET/PBT, CA, PS, SB, SAN, PC, PPE, SB+F, PVC-U
- **Nein. Wird nicht angegriffen, matt:** ABS, PVC-P, PSU, ABS+F, PVC-U, PA+F, PTFE, Si

Rominger Kunststofftechnik GmbH, Bleick 3b, CH-6313 Edlibach. Tel.: +41-(0)41 / 756 03 15 Fax: +41-(0)41 / 756 03 16. e-mail: rominger@kunststofftechnik.ch. Urheberrechtlich geschützt. Alle Rechte, auch die der Übersetzung, des Nachdrucks und der Vervielfältigung vorbehalten.

© 2005-Rominger Kunststofftechnik GmbH
www.kunststofftechnik.ch

Abbildung 79: Analysenmatrix

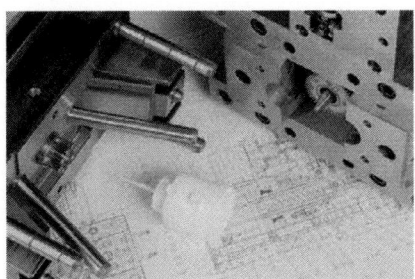

www.kunststofftechnik.ch
Kompetenz in Kunststoff

Systemlösungen in Kunststoff für Medizin und Industrie

Ihre analytische Systemlösung in Kunststoff:

KEK Kunststoff–Erkennungs-Kit

Schnell - Eindeutig - Einzigartig

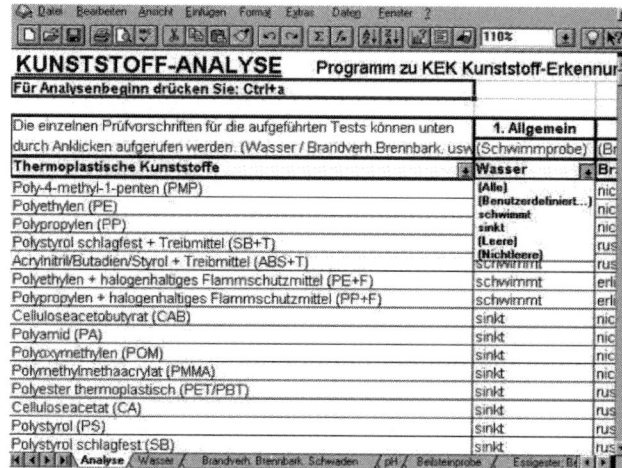

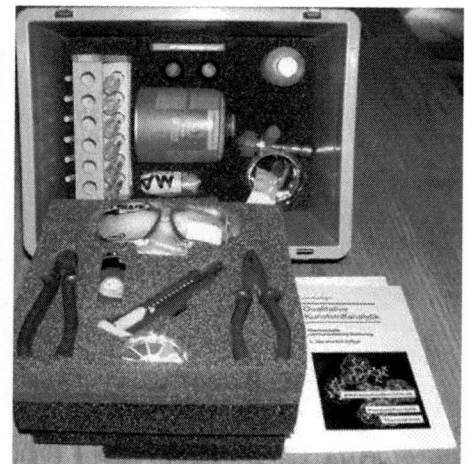

Ihr Nutzen
Das Kunststoff-Erkennungs-Kit ist die **zurzeit** einzige klassische **Kunststofferkennung** auf dem dem Markt die so **schnell** zu einer **eindeutigen Identifikation** führt und gleichzeitig die **höchste Selektivität** im Vergleich zu anderen Kunststofferkennungsmethoden aufweist.

Referenzen
Der KEK wird in vielen **renommierten Unternehmen erfolgreich angewendet**.
Siehe bitte Referenzenliste auf www.kunststofftechnik.ch.

Preis
Sie können den KEK Kunststoff-Erkennungs-Kit zum Preis von **SFR. 790.-** erwerben.
Exkl. 7.6 % MWST und exkl. Verpackung, Porto und Versand. Profitieren Sie von diesem günstigen Preis. **Nach höchstens zwei externen Analysen ist die Investition amortisiert und Sie haben das know-how in Ihrem Unternehmen.**

Rominger Kunststofftechnik GmbH
Bleick 3b
CH – 6313 Edlibach, Switzerland
MWST-Nr./VAT: 562 - 762

Tel.: +41 41 756 03 15
Fax: +41 41 756 03 16
rominger@kunststofftechnik.ch
www.kunststofftechnik.ch

Systemlösungen in Kunststoff für die Industrie, Medizintechnik, Pharma und Biotechnologie.
KEK Kunststoff-Erkennungs-Kit

Tätigkeitsbereich :	Rominger Kunststofftechnik GmbH bietet Ihnen entscheidenden Mehrnutzen durch **Systemlösungen in Kunststoff** und liefert diese prozessorientiert in folgende Branchen : • Medizintechnik • Pharma • Food • Biotechnologie • Industrie
Unternehmenszweck :	Rominger Kunststofftechnik GmbH bietet Ihnen : • Modernste **technische Produktionen** für die Industrie. (Spritzgusstechnologie). • Modernste **Reinraumproduktionen** in den Klassen 100 000 – 100 für die Medizintechnik, Pharma- und Biotechnologie. (Spritzgusstechnologie). • **Engineering** (Kunststoffgerechte Teilekonstruktion mit CAD. Modernster prozessorientierter Werkzeugbau. Mold-Flow-Analyse. Rapid-Prototyping u.a.) • **Projekt-** und **Q-Management** (Extranet, FDA, GMP, ISO 9000-er Reihe, Qualifzierung und Validierung von Prozessen und deren Automation). • **Beratungen** und Schulungen in Kunststofftechnik, Medizintechnik und Betriebswirtschaft. • Verkauf von innovativen Eigenentwicklungen (Beispiel): **KEK Kunststoff-Erkennungs-Kit. Schnellste** und **selektivste Kunststoffanalyse** auf dem Markt. Mit integrierter Software. • Klassische und instrumentelle **Kunststoffanalytik.** • **Bücher** und **Lehrmittel** im Fach Kunststofftechnik (Beispiel): Lars Rominger. Qualitative Kunststoffanalytik. Leichtverständliche Einführung – Thermoplaste. 3., überarbeitete Auflage - 2005. ISBN 3 - 8311 - 0052 -7. • **Ventile** für die Industrie, Pharma, Food und Biotech. High-Purity Ventile, Rohre und Fittings. Mess-Steuer- und Regeltechnik.

www.kunststofftechnik.ch

Rominger Kunststofftechnik GmbH Tel.: +41 41 756 03 15   Systemlösungen in Kunststoff für
Bleick 3b   Fax: +41 41 756 03 16   die Industrie, Medizintechnik,
CH – 6313 Edlibach, Switzerland rominger@kunststofftechnik.ch Pharma und Biotechnologie.
MWST-Nr./VAT: 562 - 762   www.kunststofftechnik.ch KEK Kunststoff-Erkennungs-Kit

---

Unternehmenszweck : (Fortsetzung)	• **Barriqueur.** Innovative Weinveredelung für innovative Menschen. (Diversifikationsstrategie).
Zielmärkte :	Schweiz 50 % EU 30 % USA 20 %
Maschinenpark :	Damit Sie Ihre Systemlösungen aus einer Hand erhalten, sind sämtliche Betriebsmittel für die erfolgreiche Erfüllung des Tätigkeitsbereiches und des Unternehmenszweckes „in house" vorhanden.
Gesellschafter / Geschäftsführer :	Lars Rominger. 1966 in Zug, Schweiz geboren. **Bildung :** Dipl.-Ing.; NDS Betriebswirtschaft (FH). (Bildungsweg : 2 Berufslehren – höhere Fachschule – Fachhochschule). **Berufserfahrungen :** Langjährige Erfahrung vor allem in der Kunststoff- und Medizintechnik. Forschung, Engineering, Projektmanagement und Unternehmensführung. **Patente :** Im Medizinalbereich. **Entwicklungen :** KEK Kunststoff-Erkennungs-Kit. Schnellste und selektivste Analytik. KIS Kunststoff-Identifikations-System. Barriqueur – Die innovative Weinveredelung für innovative Menschen. **Bücher :** Lars Rominger. Qualitative Kunststoffanalytik. Thermoplaste. Kompendium. Lars Rominger. Qualitative Kunststoffanalytik. Thermoplaste. Leichtverständliche Einführung. 3., überarbeitete Auflage 2005. ISBN 3 – 8311 – 0052 –7. **Dozententätigkeit :** Fachlehrer für Werkstoffprüfung (Kunststoff) und Unternehmensgründung. **Publikationen :** SWISS PLASTICS. Schweizerische Zeitschrift für die Kunststoffindustrie. SLZ Schweizerische Laboratoriums-Zeitschrift. Labor Flash. Die Zeitschrift für Labor und Forschung. Laborscope. Labortechnik. Verfahrenstechnik. Chemie. Medizin.Biotechnologie. Chemie plus. Schw. Fachzeitschrift der Chemieberufe. Technische Rundschau. Das Schweizer Industrie Magazin. Kunststoff-Magazin. MERUM – Das Insidermagazin zum italienischen Wein.

Rominger Kunststofftechnik GmbH Tel.: +41 41 756 03 15   Systemlösungen in Kunststoff für
Bleick 3b   Fax: +41 41 756 03 16   die Industrie, Medizintechnik,
CH – 6313 Edlibach, Switzerland   rominger@kunststofftechnik.ch   Pharma und Biotechnologie.
MWST-Nr./VAT: 562 - 762   www.kunststofftechnik.ch   KEK Kunststoff-Erkennungs-Kit

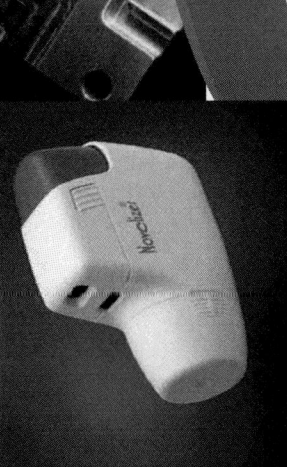
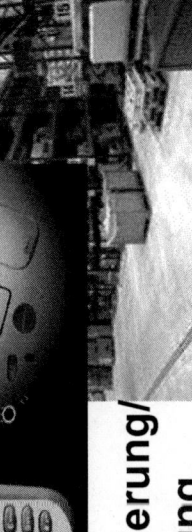

Presents:

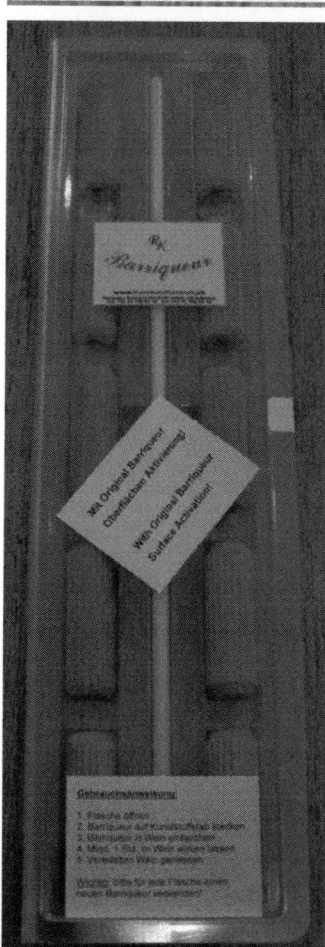

Barriqueur

Innovative Weinveredelu
für innovative Menschen
Das Eichenfass im Wein.

Seit dem Erscheinen im „MERUM – Das Insidermagazin zum italienischen Wein" geniesst der „Barriqueur" Kultstatus.

Der Veredelungsnachweis durch Wein-Experten ist erbracht.

1. Konzept
Wein ohne Barrique-Ausbau
+ Barriqueur
+ 1 Std. Wirkzeit
= **Barrique** - veredelter Wein

2. Anwendung
Flasche öffnen. Barriqueur auf Kunststoffstab stecken. Barriqueur in Wei eintauchen. Mind. 1 Std. im Wein wirken lassen. Veredelten Wein geniessen. Wichtig: Bitte für jede Flasche einen neuen Barriqueur verwenden.

3. Material-Zusammensetzung

3.1 Wirkstoff
Hochwertigste Eiche mit Original-Barriqueur Oberflächenaktivierung.

3.2 Hilfsstoffe
Stab:Lebensmittelechtes Ultraform (POM natur).
Verpackung: Lebensmittelechtes Polyethylenterephthalat. (PET).

4. Kosten
Ein Barriqueur-Kit bestehend aus 1 Kunststoffstab und 10 Original-Barriqueur oberflächenaktivierten Eichenstücken. (Wie abgebildet).
SFr. 20.- exkl. 7.6% MWST, Verpackung und Versand.
Mengenrabatt nach Absprache.

Rominger Kunststofftechnik GmbH   Tel.: +41 41 756 03 15   Systemlösungen in Kunststoff für
Bleick 3b   Fax: +41 41 756 03 16   die Industrie, Medizintechnik,
CH – 6313 Edlibach, Switzerland   rominger@kunststofftechnik.ch   Pharma und Biotechnologie.
MWST-Nr./VAT: 562 - 762   www.kunststofftechnik.ch   KEK Kunststoff-Erkennungs-Kit

---

Biberfreunde, horcht auf:
Der „Barriqueur" ist da!

Von Andreas März

Endlich, endlich ist einer auf die Idee gekommen! Lars Rominger, Kunststofffachmann und Fachdozent für Unternehmensgründung, erfand für Wein- und Biberfreunde den „Barriqueur". Der Weintrinker und Tüftler Rominger sagte sich: „Anstatt den Wein durch das Eichenfass von außen geschmacklich zu beeinflussen, könnte dies einfacher und individueller von innen her durchgeführt werden," ...und erfand die Holzpille für den Wein.

Wir von der Merum-Redaktion begrüßen Romingers Erfindung mit offenen Armen und hoffen, dass der „Barriqueur" weite Verbreitung findet. Dank der individuellen Dosierung des Holzgeschmacks direkt beim Biberfreund zu Hause erübrigt sich nämlich die Holzmisshandlung der Weine beim Winzer!

Wohlverstanden, in einigen wenigen Fällen vermag Romingers „Barriqueur" es nicht mit einer „Behandlung von außen" aufzunehmen: Es gibt selbst in Italien einige Gewächse, die von meisterhafter Hand, in echten Barriques, tatsächlich zu großen Weinen geführt werden. Aber diese Ausnahmen bestätigen nur die Regel, wonach es sich bei der Mehrheit der Barriqueweine um schiere Holzverschwendung handelt.

Romingers kleiner Holzdübel am Plastikstengel wird nicht nur dazu beitragen, die Allier-Wälder zu schonen und die Kosten der italienischen Önologie zu senken, sein breiter Einsatz wird auch dazu führen, dass der Anteil von Biberweinen an der italienischen

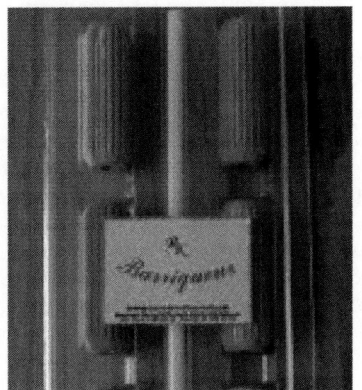

Der Barriqueur: Eine Erfindung, die sowohl die Biberfreunde als auch die Liebhaber von JLF-Weinen freudig begrüßen werden!

Weinproduktion zu Gunsten von sorten- und gebietstypischen JLF-Weinen sinken wird.

Und so funktioniert der „Barriqueur":

Lars Rominger: „Korkzapfen von der Weinflasche entfernen, Stab mit Eichenstück verbinden indem der Stab in das Bohrloch des Eichenstückes gesteckt wird, den ‹Barriqueur› in die Flasche geben und mindestens eine Stunde im Wein einwirken lassen, den ‹Barriqueur› entfernen und anschließend den Barrique-veredelten Wein genießen."

Da der Barriqueur bis zum Redaktionsschluss vollständig ausverkauft war, konnten wir die begnadete Erfindung leider nicht am eigenen Wein und Leib testen.

Kosten: Ein Zehnerpack bestehend aus einem Kunststoffstab und zehn Eichenstücken kostet CHF 20.– exkl. MWST und Versand (Mengenrabatt nach Absprache).
Produktion und Vertrieb: Rominger Kunststofftechnik GmbH, Bleick 3b, CH-6313 Edlibach, Tel.: +41 41 7560315; Fax: +41 41 7560316, www.kunststofftechnik.ch, e-Mail: rominger@kunststofftechnik.ch

www.kunststofftechnik.ch
Kompetenz in Kunststoff

Lars Rominger

1966 in Zug, Schweiz geboren.
Geschäftsführender Gesellschafter der Rominger Kunststofftechnik GmbH.
6313 Edlibach. Switzerland. Internet: www.kunststofftechnik.ch.

Aus- und Weiterbildung
Dipl.-Ing.; NDS Betriebswirtschaft (FH).
Ausbildungsweg: 2 Lehren - höhere Fachschule - Fachhochschule.
Schwerpunktbildung in Chemie, Technik und Betriebswirtschaft.
Kunststofftechnologie und –chemie. Spritzgusstechnologie. Allg. Chemie.
Allg. Betriebswirtschaft und Unternehmensführung.

Berufserfahrungen
Schwerpunkte: Instrumentelle Analytik. Forschung und Entwicklung. Qualitätssicherung.
Kunststoff- und Medizintechnik. Engineering und Projektmanagement. Unternehmensführung.

Patente
Im Medizinalbereich.

Entwicklungen
KEK Kunststoff-Erkennungs-Kit.
Die zurzeit schnellste und selektivste klassische Kunststoffanalyse auf dem Markt.
Mit integrierter Software.

KIS Kunststoff-Identifikations-System.
Analytik, Konstruktion (Materialauswahl) und Lexikon vereint in einer Software.

Barriqueur. Innovative Weinveredelung für innovative Menschen. (Diversifikationsstrategie).

Bücher
Lars Rominger. Qualitative Kunststoffanalytik. Thermoplaste. Kompendium. (166 Seiten).
Lars Rominger. Qualitative Kunststoffanalytik. Thermoplaste. Leichtverständliche
Einführung. 3., überarbeitete Auflage 2005. ISBN 3 – 8311 – 0052 –7.

Dozententätigkeit
Fachlehrer für Werkstoffprüfung/Kunststoffanalytik und Unternehmensgründung.

Publikationen
SWISS PLASTICS. Schweizerische Zeitschrift für die Kunststoffindustrie.
SLZ. Schweizerische Laboratoriums-Zeitschrift
Labor Flash. Die Zeitschrift für Labor und Forschung
Laborscope. Labortechnik. Verfahrenstechnik. Chemie. Medizin.Biotechnologie
Chemie plus. Schweizer Fachzeitschrift der Chemieberufe.
Technische Rundschau. Das Schweizer Industrie Magazin.
Kunststoff-Magazin. Die Kennziffer-Zeitschrift der Kunststoff- und Kautschukbranche.
MERUM – Das Insidermagazin zum italienischen Wein.

Rominger Kunststofftechnik GmbH   Tel.: +41 41 756 03 15   Systemlösungen in Kunststoff für
Bleick 3b   Fax: +41 41 756 03 16   die Industrie, Medizintechnik,
CH – 6313 Edlibach, Switzerland   rominger@kunststofftechnik.ch   Pharma und Biotechnologie.
MWST-Nr./VAT: 562 - 762   www.kunststofftechnik.ch   KEK Kunststoff-Erkennungs-Kit

---

Geschäftsführender Gesellschafter. Stand: 2005